お茶[illegible]まで

[illegible]菓子

250

淡交社

はしがき

日本全国には、さまざまな和菓子があり、その一つひとつの色やかたち、銘には、その土地の風土や人々の豊かな感性が詰まっています。

中でも茶道とともに発展してきた干菓子《ひがし》は、主菓子《おもがし》よりも姿形や色彩を工夫しやすいため、季節感を添えやすいのが特長です。有平糖《あるへいとう》で立体的に表現したり、あるいは煎餅《せんべい》に捺《お》した焼印で表現したり、実に多彩な表現方法が可能です。

春夏秋冬、花鳥風月、年中行事といったさまざまなテーマから生み出された繊細で奥ゆかしい干菓子を本書では紹介しています。江戸時代から作り続けられている伝統的な銘菓や、銘菓の色彩やデザインをアレンジしたもの、現代の感性でデザインされたものなど、約２５０種の干菓子の中には、きっと、あなたが気に入るものもあるはずです。

お茶席やお稽古はもちろん、おもたせとして日々の生活でも気軽に干菓子を楽しんでいただければと思います。

干菓子250 茶席からおもたせまで

目次

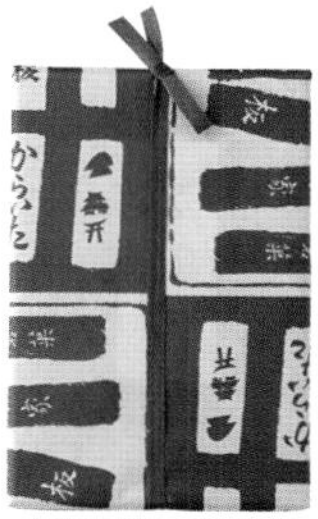

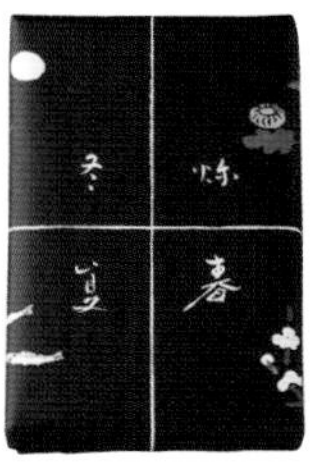

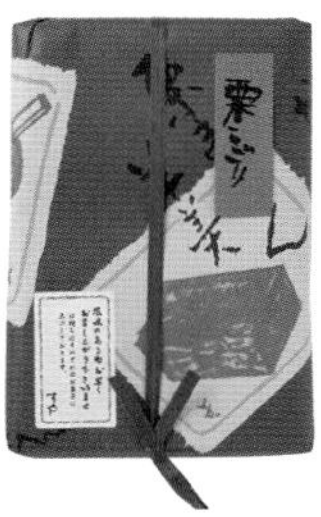

本書に記載の情報は2020年5月末日時点のものです。

第一章

知っておきたい、干菓子のきほん
主菓子と干菓子

茶事・茶会で使われるお菓子には2種類あります。

主菓子

主菓子とは

金団《きんとん》や餅《もち》菓子、こなし・練切《ねりき》り、葛《くず》菓子などの生《なま》菓子、薯蕷《じょうよ》などの蒸《むし》菓子のことです。本来は濃茶用の菓子にあたります。ただし、現在では薄茶のみの茶会でも供されます。

季節を映すさまざまな形と色彩に作られ、一会の趣向を表現しています。

茶事では初座、懐石のあとに供されます

茶事では初座《しょざ》で、懐石《かいせき》が済んだ後、中立《なかだち》の前に供されます。懐石をともなう正式な茶事では縁高《ふちだか》と呼ばれる重箱に盛って出されますが、茶会では陶磁器やガラスの鉢や皿が用いられることが多いです。

干菓子

干菓子とは

文字通り「乾いた菓子」のことです。乾菓子《ひがし》、惣《そう》菓子ともいいます。煎餅や、有平糖や生砂《きざ》糖《とう》、金平糖《こんぺいとう》などの砂糖菓子、砂糖ともち米、粉物などを混ぜて作る打物《うちもの》や押物《おしもの》、琥珀《こはく》、洲浜《すはま》などが含まれます。

主菓子にも増して様々な形や色彩で季節の風物を写実的に表現されることが多いです。

茶事では後座、薄茶席で供されます

茶事では後座《ござ》、薄茶の際に供されます。塗物や金属品、木地、籠などの盆や皿に、打物と有平糖、押物と煎餅など種類の違う2種あるいは3種を取り合わせて盛り付けます。

亀屋伊織　季節の二種

春

春霞（煎餅）
蝶結び（有平糖）

夏

瀧（煎餅）
楓（押物）

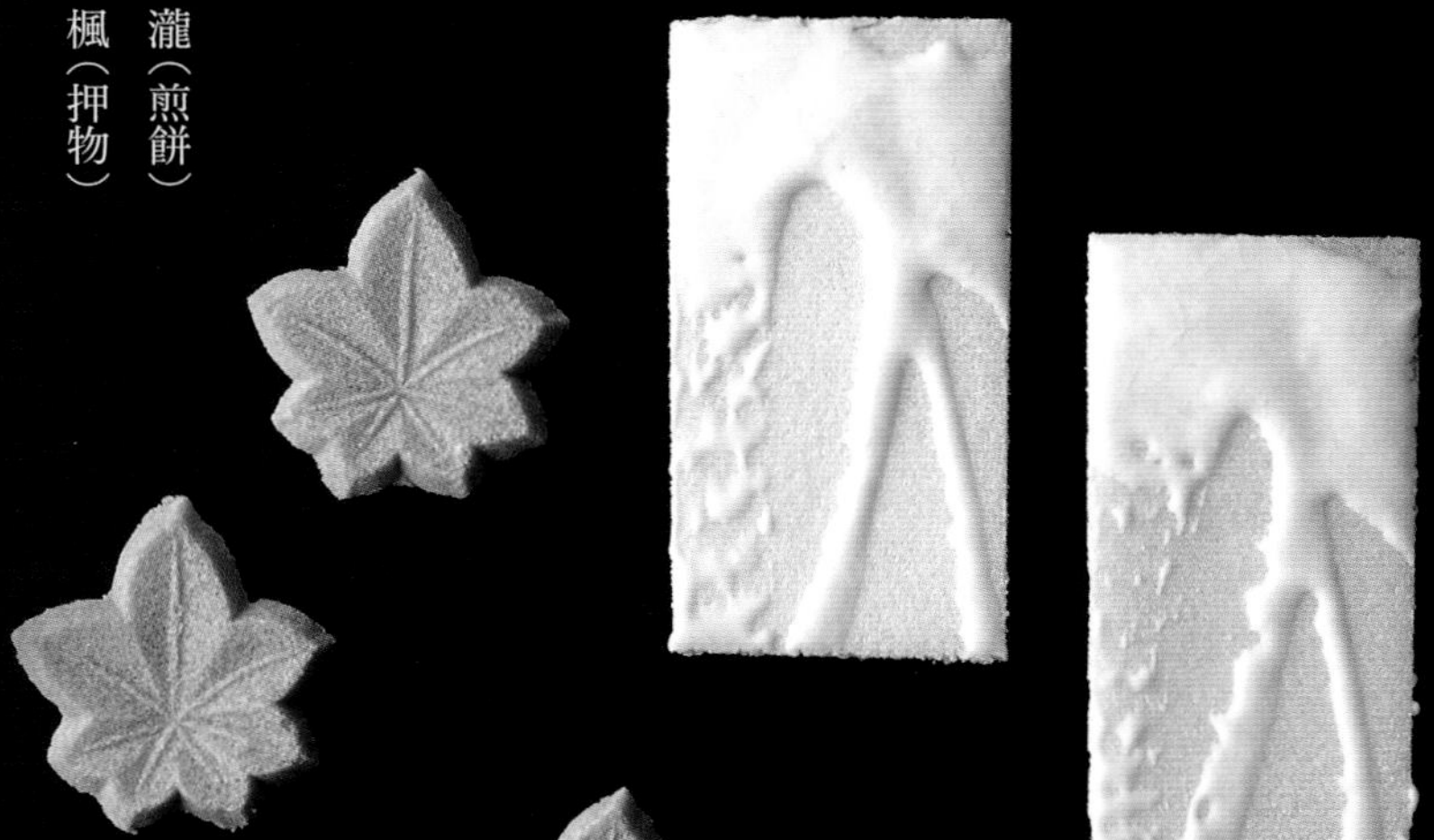

秋

鳴子（煎餅）
雀（有平糖）

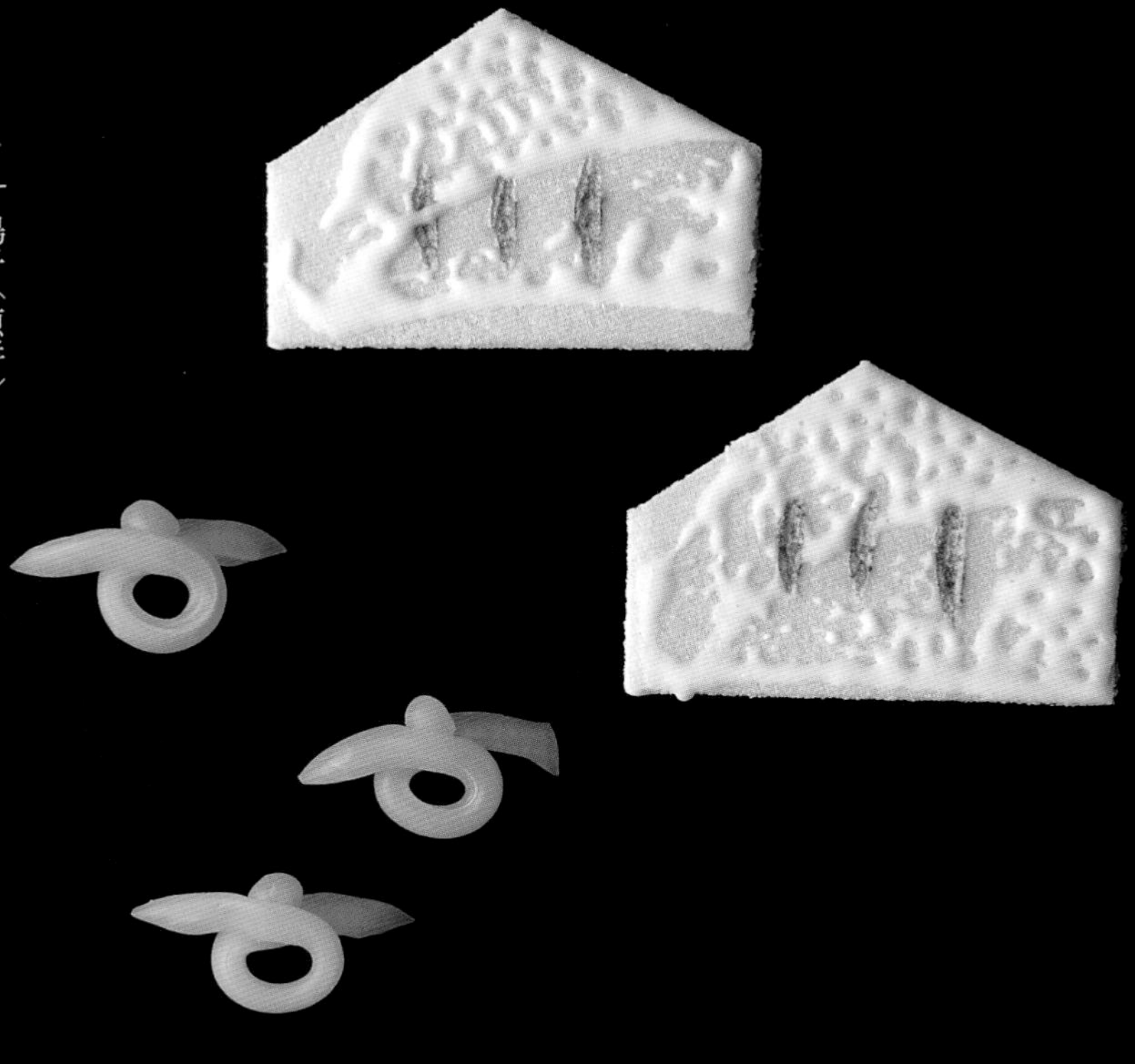

亀屋伊織《かめやいおり》

139頁

冬

雪輪（押物）
光琳松（有平糖）

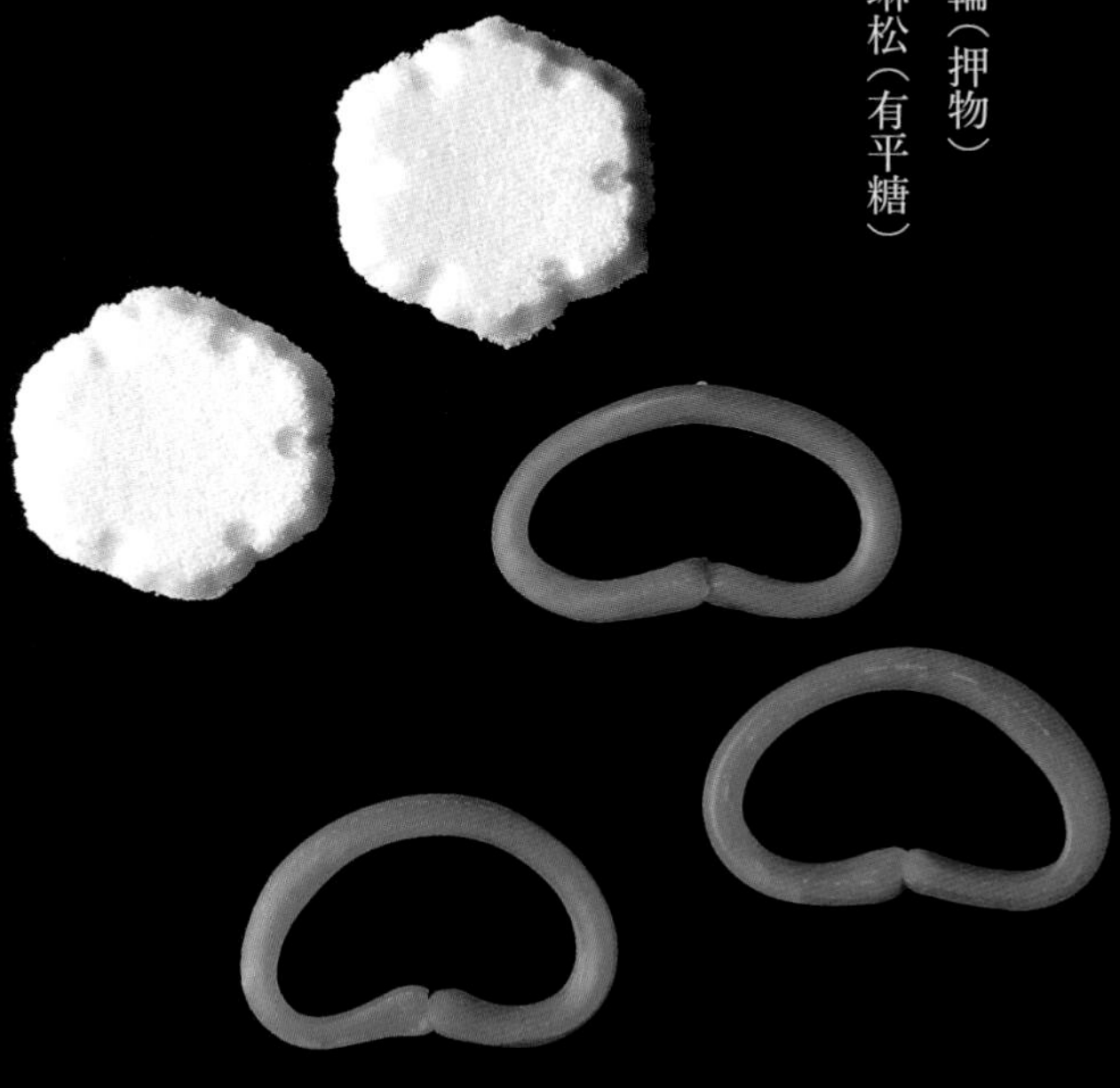

約４００年の歴史を誇る干菓子の専門店。創業以来、情趣溢れる茶の湯の干菓子を専門に作り続けてきた老舗菓子司。「伊織」の名は御所百官名のひとつで、徳川家光から与えられたと伝える。

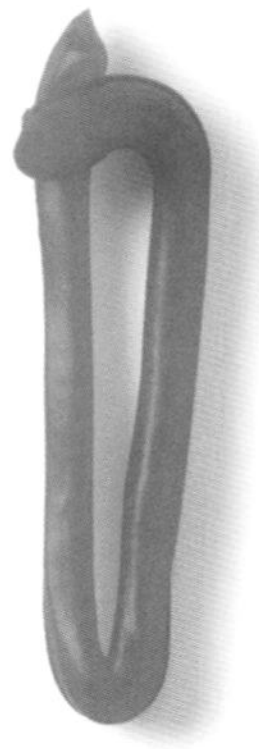

干菓子の種類

有平糖《あるへいとう》

砂糖を煮詰めて、棒状に固めて色々な形に細工をしたもの。南蛮《なんばん》菓子の一種で、ポルトガル語の「アルフェロア」(alfeloa:「砂糖」の意味)が語源といわれる。煮詰めた砂糖を冷まし、引っ張って棒状にしたものを、様々な形に細工する。「千代結び」のほか、花や果実を模したものなど形はさまざまある。

松葉——亀屋伊織

干菓子の種類

生砂糖(雲平)《きざとう(うんぺい)》

砂糖に寒梅粉《かんばいこ》を混ぜて練り、薄くのばして形作ったもの。関西では「生砂糖」、関東では「雲平」と呼ばれることが多い。夏の時季には有平糖を避けるため、生砂糖でつくった「水」などが用いられることが多い。また、「吹寄せ」の銀杏や紅葉などにも用いられることもある。

水——亀屋伊織

※南蛮菓子
安土桃山時代に、南蛮人(ポルトガル人やスペイン人)によってもたらされた舶来菓子のこと。金平糖やボーロ、カステラ、ビスケットなどの総称。

※寒梅粉
もち米を蒸してつき、餅にして白く焼き上げ、細かく粉にしたもので、「微塵粉(みじんこ)」とも呼ぶ。材料を固める性質がある。かつては梅が咲く寒い頃に作ったことから「寒梅粉」と呼ぶという説がある。

※吹寄せ
秋の露地で落ち葉を吹きだまりにした風情を言うが、打物や有平糖、生砂糖などでこれを表現した寄せ菓子がある。

干菓子の種類

押物／打物

おしもの／うちもの

砂糖ともち米、粉（寒梅粉など）を混ぜ合わせた材料を型などに入れて押し固めたものを「押物」、固めて打ち出したものを「打物」と呼ぶ。しかし、木型を使って生成することが多いため、「押物」と「打物」を厳密に区分することは難しい。落雁《らくがん》も含む。

梅——亀屋伊織

干菓子の種類

煎餅

せんべい

米の粉をついて餅状にし、サイコロ状にしたものを鉄板にはさんで薄く焼いたものを「種煎餅」という。これを同じ厚みに半分にそぎ切り、味噌餡やすり蜜をはさむ。焼印などを押して季節感を表すことも多い。

春霞——亀屋伊織

※味噌餡
白餡に味噌を加えて練り上げたもの。

※すり蜜
砂糖に水や水飴を加えて煮詰め、冷却後にすったもの。

干菓子の種類

金平糖

こんぺいとう

南蛮菓子の一つとしてオランダ人により長崎に伝えられた。砂糖蜜に小麦粉を加え、煎った芥子《けし》や胡麻を芯（種）として入れ、かきまわしながら加熱して製したもの。茶席では振出しに入れて用いられる。

花しょうぶ――三條若狭屋

※砂糖蜜
砂糖類を水で煮溶かした液体。

干菓子の種類

琥珀糖／艶干錦玉

こはくとう／つやぼしきんぎょく

煮溶かした寒天に砂糖や水を加えた液（錦玉液）を煮詰め、固めて乾燥させたもの。外側のシャリシャリとした食感と、内側のやわらかな寒天が美味しい。「琥珀」「干琥珀」「干錦玉」とも呼ばれる。

青苔――鶴屋吉信

※寒天
テングサなどの海藻から抽出した粘質物を凍結・乾燥させたもの。羊羹やゼリーなどの材料として使われることが多い。

干菓子の種類

洲浜《すはま》

洲浜粉に白砂糖と水飴を加えて練り合わせ、形をつけたもの。本来は洲浜形（砂浜や入江の景色を意匠化したもの）に作られたことからの名称だが、茶席用では蕨《わらび》や夕顔、豆の形などに作られることが多い。

豆——亀屋伊織

干菓子の種類

摺り琥珀《すりこはく》

琥珀糖の製作過程で、錦玉糖が熱いうちに麺棒で乳白色になるまで摺り混ぜて空気を送り固めたものを、「摺る」工程から「摺り琥珀（寒氷）」とも呼ぶ。

おゝきに——柏屋光貞

※洲浜粉
大豆を煎って挽いた粉。きな粉よりも煎りが浅く、粒子が粗い。

第二章

老舗の干菓子［京都］

京都の菓子舗が生み出す洗練された干菓子を紹介します。

老舗の干菓子［京都］

鍵善良房《かぎぜんよしふさ》

138頁

京都の花街・祇園の一角で享保年間（1716〜36）より京菓子をつくり続けている菓子舗。祇園という場所柄、お茶屋や料亭に出入りする文人墨客や旦那衆、さらには花街の女性たちにも広く愛されてきた。

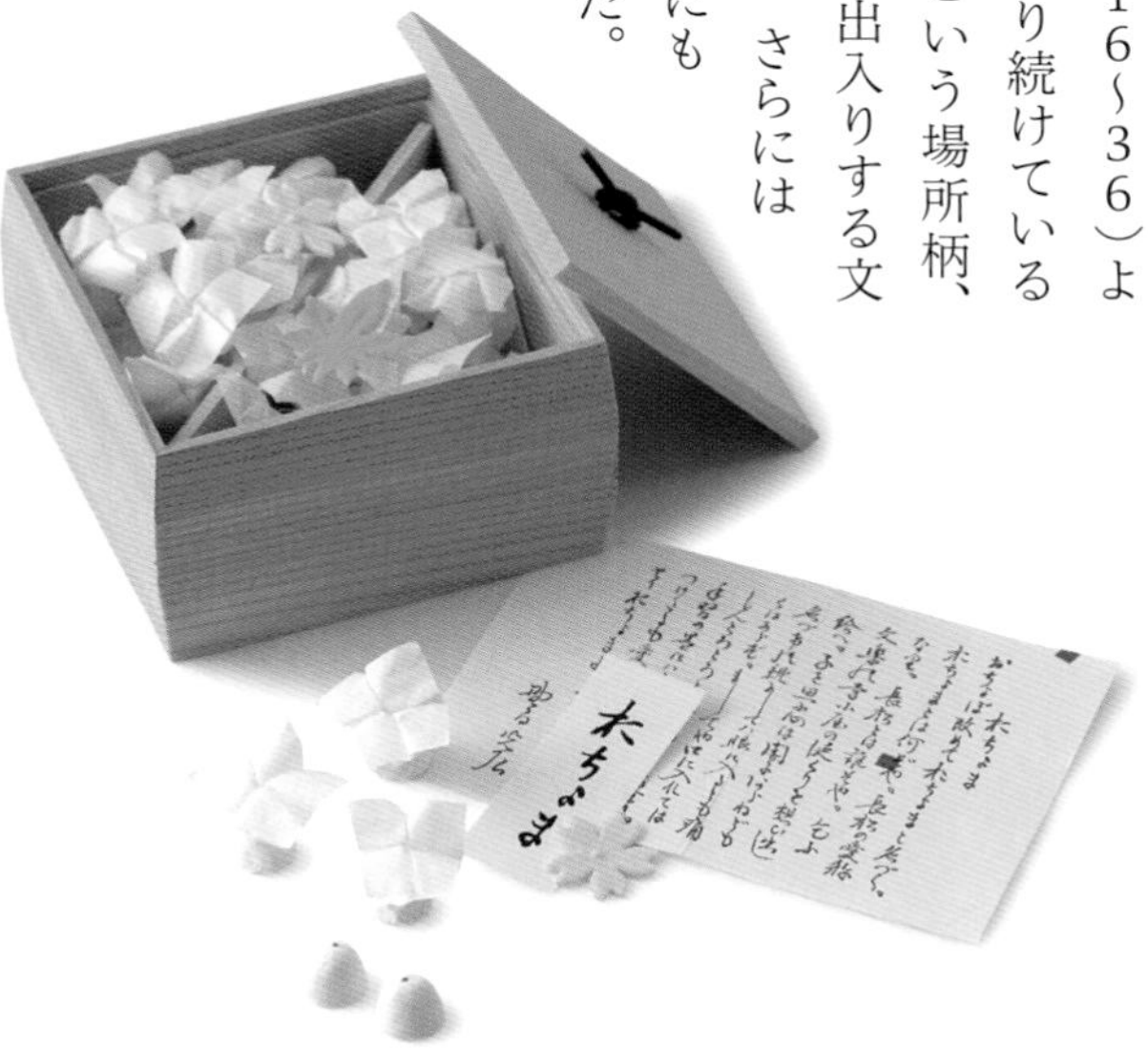

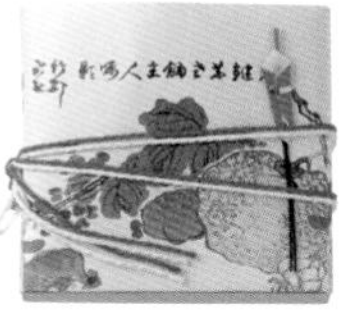

おちょま

取寄可　要予約　通年

阿波和三盆を丸く打ち出し、ちょんと頭に紅をつけた愛らしいかたち。祇園街の見習いの舞妓さん「おちょま」の初々しさをイメージした可憐な干菓子。

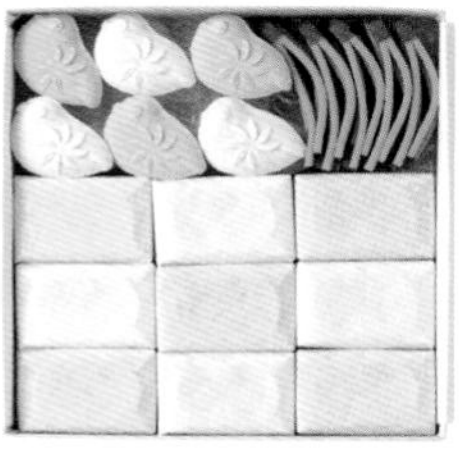

寿《ことほぎ》

取寄可　要予約　通年

美しい意匠の「宝結」にふっくらと愛らしい「福良寿々芽《ふくらすずめ》」に松葉を添えて。

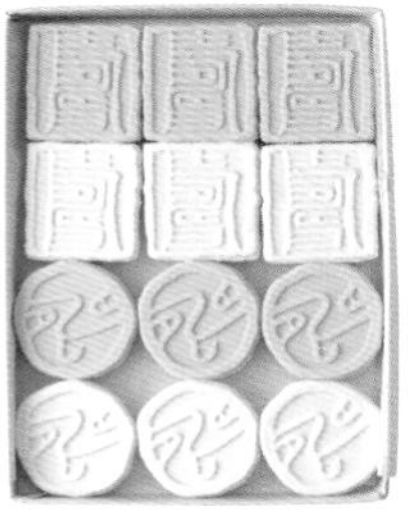

寿仝《じゅじゅ》

取寄可　要予約　通年

書家・石川九楊氏の「寿」の字を2種模った干菓子。筆触が伝わる典雅な文字に阿波和三盆のこっくりした味わいが合う。

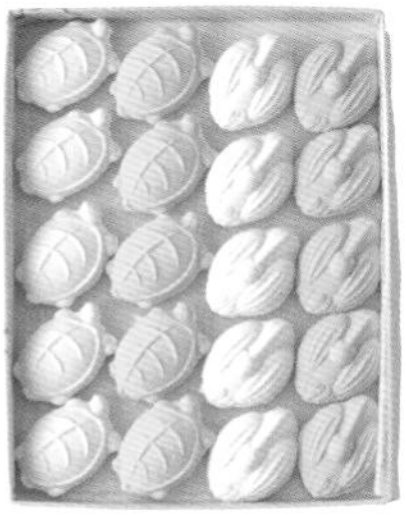

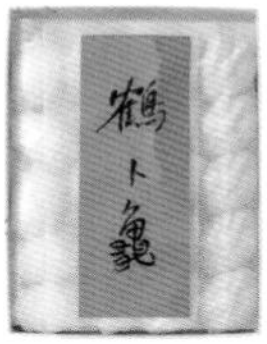

鶴ト亀《つるとかめ》

取寄可　要予約　通年

長寿の象徴でもある鶴と亀をユーモラスに表現。お祝いや引き出物にも。

老舗の干菓子［京都］

柏屋光貞《かしわやみつさだ》

138頁

祇園・八坂神社の近くに店を構える、文化3年（1806）創業の菓子舗。祇園祭の宵山《よいやま》の日のみに販売される行者餅《ぎょうじゃもち》は予約必須の人気を誇る。

おゝきに《おおきに》

取寄可 要予約 通年

さらさらとした質感の、舌触りの良い一口大の正方形の摺《す》り琥珀、箱にみっちりと詰められている。プレーン、黒糖、柚子、梅の味をした4色。

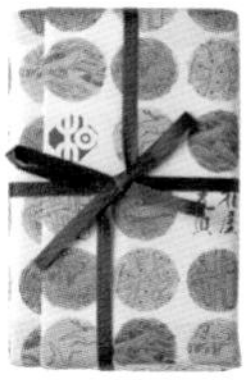

音羽山《おとわやま》

取寄可 要予約 通年

清水寺の山号である音羽山を名に持つ、豆落雁製の半生菓子。きな粉の甘みが優しい。

空まめ《そらまめ》

洲浜の半生菓子で空豆を表現。非常にキメが細かく、コクのあるきな粉が口に広がる。季節によって色が変わる。

亀末廣《かめすえひろ》

139頁

文化元年（１８０４）創業。江戸時代には徳川家が宿館とした二条城に、また、都が東京に遷るまでは、御所にも菓子を納めていた。四季折々の草花を巧みにデザイン化した干菓子の姿形や色彩は、風流を感じさせるものばかり。

取寄可　要予約　通年

京のよすが《きょうのよすが》

四畳半に仕切られた上品な木箱に、餡入りのもの、打物、砂糖の細工菓子といった半生菓子と干菓子が整然と並ぶ。箱を開けた瞬間から心ときめき、口に含むとどこか懐かしい味わいが広がる。亀甲形の小箱に入った、持ち運びしやすい詰め合わせもある。

老舗の干菓子［京都］

亀屋清永《かめやきよなが》

139頁

元和3年（1617）創業と伝わる菓子舗。かつては禁裏御所の御膳所をはじめ、諸藩諸侯、神社仏閣に出入りを許されていた。

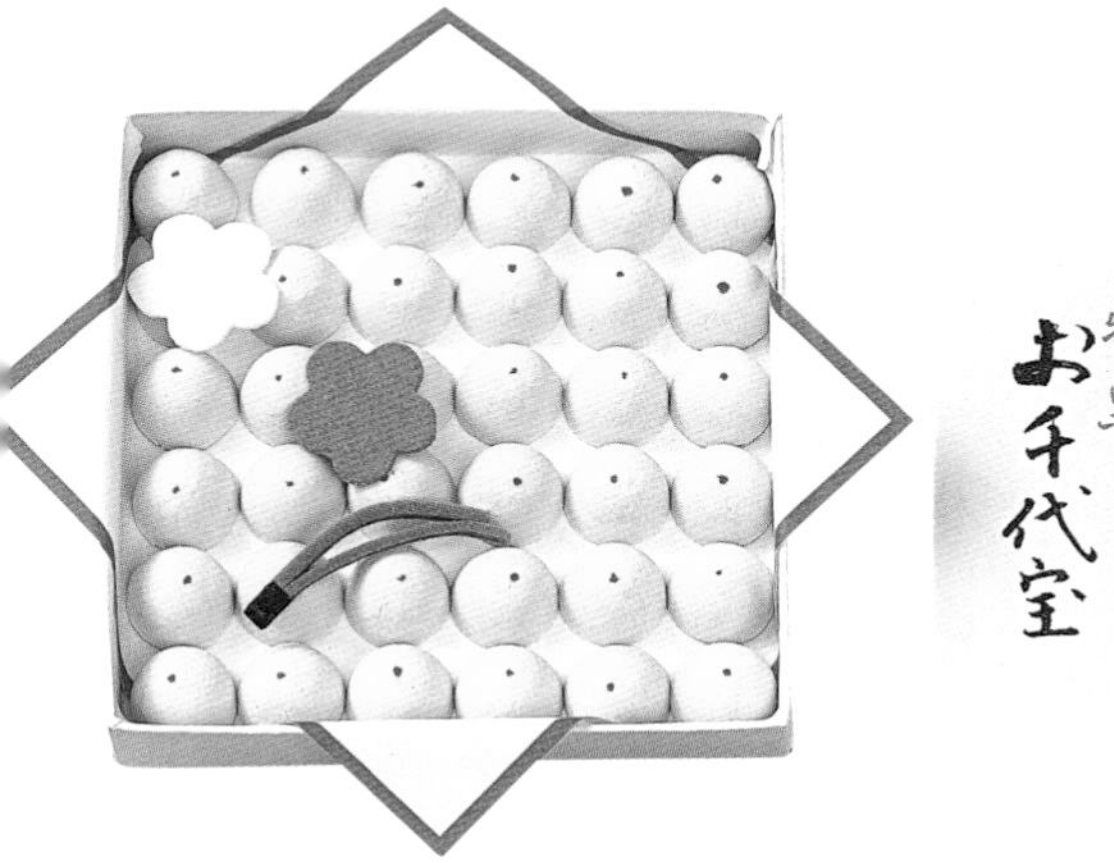

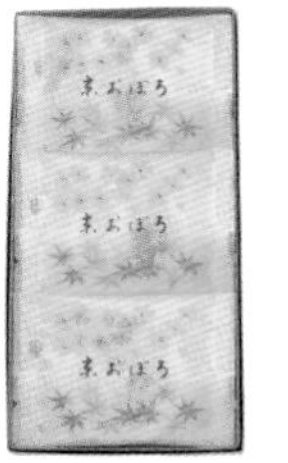

京おぼろ《きょうおぼろ》

取寄可　要予約　通年

吟味された白味噌の餡を、薄く柔らかなおぼろ種ではさんだ種煎餅。上品な甘みが口の中に広がる。

お千代宝《おちょぼ》

取寄可　要予約　通年

深みのある甘さと溶けるような口触りが特徴的な干菓子。頂点の紅い点は可愛らしい女の子の気持ちとはじらいを表している。

赤箱《あかばこ》　青箱《あおばこ》　緑箱《みどりばこ》

取寄可　要予約　通年

季節によって中身が変わる干菓子の詰め合わせ。

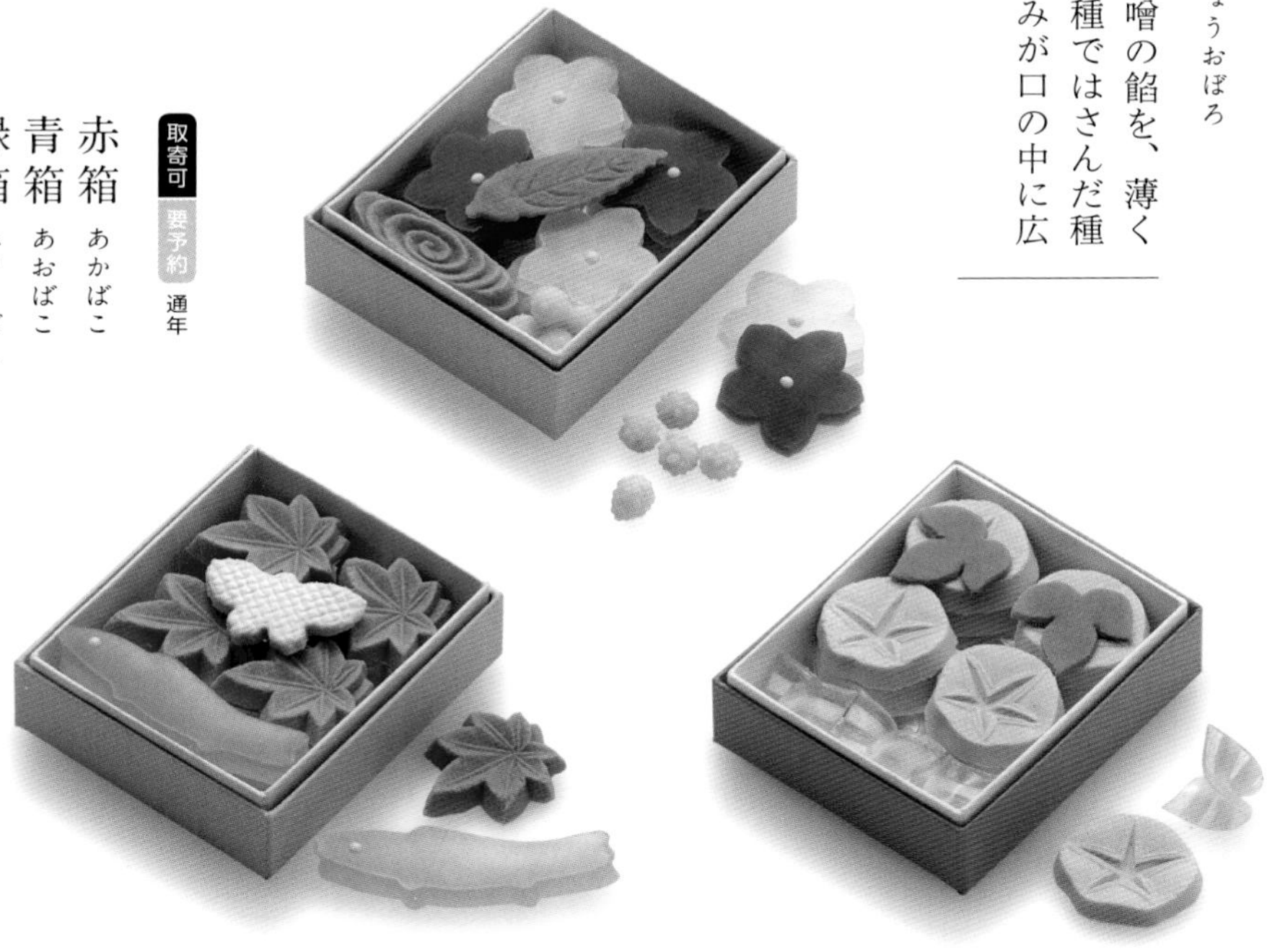

老舗の干菓子［京都］

亀屋則克《かめやのりかつ》

139頁

昭和初期に亀屋良則より分家、独立。京町家の店舗が当時の京都の菓子舗を彷彿とさせる。夏のみに販売している「浜土産《はまづと》」は夏の風物詩として愛されている。

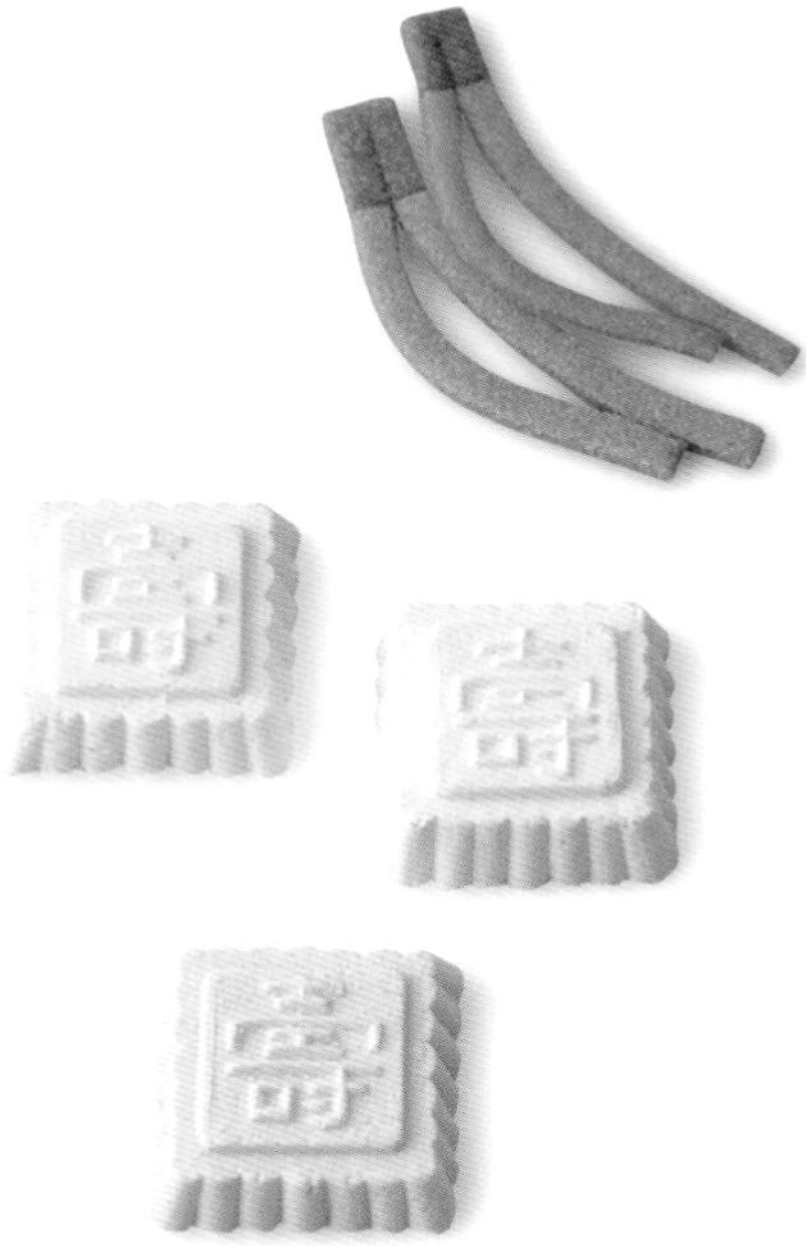

角寿《かくじゅ》

取寄可　要予約　通年

おめでたい「壽」の文字を紅白で模った打ち菓子と、生砂糖の松葉のセット。お祝い事の場にぴったり。

いろどり

取寄可　要予約　通年

季節に合わせて中身が変わる、可愛い干菓子の詰め合わせ。

宝づくし《たからづくし》

取寄可　要予約　通年

淡いピンクと白色の2色で小槌や宝珠、宝袋など10種の宝を表した詰め合わせ。

老舗の干菓子［京都］

亀屋良永《かめやよしなが》

139頁

天保3年（1832）創業。戦時中、強制疎開の後、昭和27年（1952）より寺町御池の現在地で営業。店内にある昔ながらの帳場より店主が見守っている、親しみのある菓子舗。

取寄可　要予約　通年

御池煎餅《おいけせんべい》

表面に砂糖を薄く引き、亀甲形の焼き目をつけた餅米粉の麩焼煎餅。軽い食感とほんのりとした甘みが自慢の銘菓。

取寄可　要予約　通年

花一枝《はないっし》

桃色の落雁に、梅の枝を模した線が入っている。梅の甘酸っぱさが引き立つ。

取寄可　要予約　通年

「大原路」《「おおはらじ」》あじさい《あじさい》

京都・大原の季節の風景を表現した洲浜粉を使用した落雁。季節によって色合いが変わる。

取寄可　要予約　6月〜7月

朝顔《あさがお》

朝顔の花の蕾《つぼみ》と葉に見立てたうす種の干菓子。花の蕾には梅味の、葉には生姜《しょうが》味の砂糖が入っており、夏にふさわしい爽涼な味が楽しめる。

老舗の干菓子［京都］

亀屋良長《かめやよしなが》

139頁

取寄可　要予約　11月〜3月

冨久福《ふくふく》

小さな3段の桐箱に入った干菓子の詰め合わせ。1段目には押物の紅白の梅花、2段目にはたねあわせと押物の久須玉と松葉、3段目には押物の松竹梅とゆかりが納められている。

享和3年（1803）、菓子司・亀屋良安から暖簾分けする形で創業。当時より名水が湧いていると名高い四条醒ヶ《さめが》井《い》で銘菓「烏羽玉《うばたま》」をはじめ菓子を作り続けている。

取寄可　要予約　通年

暦（久寿玉）《こよみ（くすだま）》

和三盆糖でつくった紅白の押物を、和紙で包み、松葉の生砂糖を添えた小箱。おめでたい場の手土産としても。

取寄可　要予約　冬

立春大吉《りっしゅんだいきち》

和三盆糖のおたふくと紅白梅、洲浜の豆など、おめでたいモチーフの干菓子を包んだ詰め合わせ。

取寄可　要予約　春

桃の松露《もものしょうろ》

ほんのり桃の香りがする、ぷっくりとした姿が可愛らしい松露。カリっとした糖衣の中には桃のピューレを加えた白餡が広がる。

老舗の干菓子［京都］

甘春堂《かんしゅんどう》

139頁

慶応元年（1865）より、川端正面角に店を構えている菓子舗。神社仏閣との繋がりも深く、豊国神社や旧六条御所などの伝統菓子の御用達を務めていた。

取寄可　要予約　6月〜7月

瑠璃の風《るりのかぜ》

まるで陶器のようなデザインの缶に、様々な色の和三盆が入っている。どこか西洋の雰囲気もある干菓子。

老舗の干菓子［京都］

塩芳軒《しおよしけん》

140頁

かつて今出川大宮にあった塩路軒より分家するかたちで明治15年（1882）に創業して以来、京菓子の味を伝え続けている。聚楽第にちなんだ「聚楽」は聚楽第の鉄門が面していたとされる黒門通に店を構えていたことによる。

取寄可　要予約　通年

千代たんす《ちよたんす》

オリジナルの京鹿の子和紙を使った三段の菓子たんす。上段には高貴な女性の唇をイメージしたという「小口」。中段は、はんなりとした紅色が美しく、梅風味の柔らかな「梅鶴」。下段には和三盆の「さざれ石」とともに有平糖の「千代結」が入る。

老舗の干菓子［京都］

末富《すえとみ》

141頁

各宗大本山の御用を務めるほか、茶道各お家元にも出入りを許されている、明治26年（1893）に亀末廣より別家した菓子舗。日本画の大家・池田遥邨《ようそん》が描いた、美しい青色の包装紙は「末富ブルー」とも呼ばれ親しまれている。

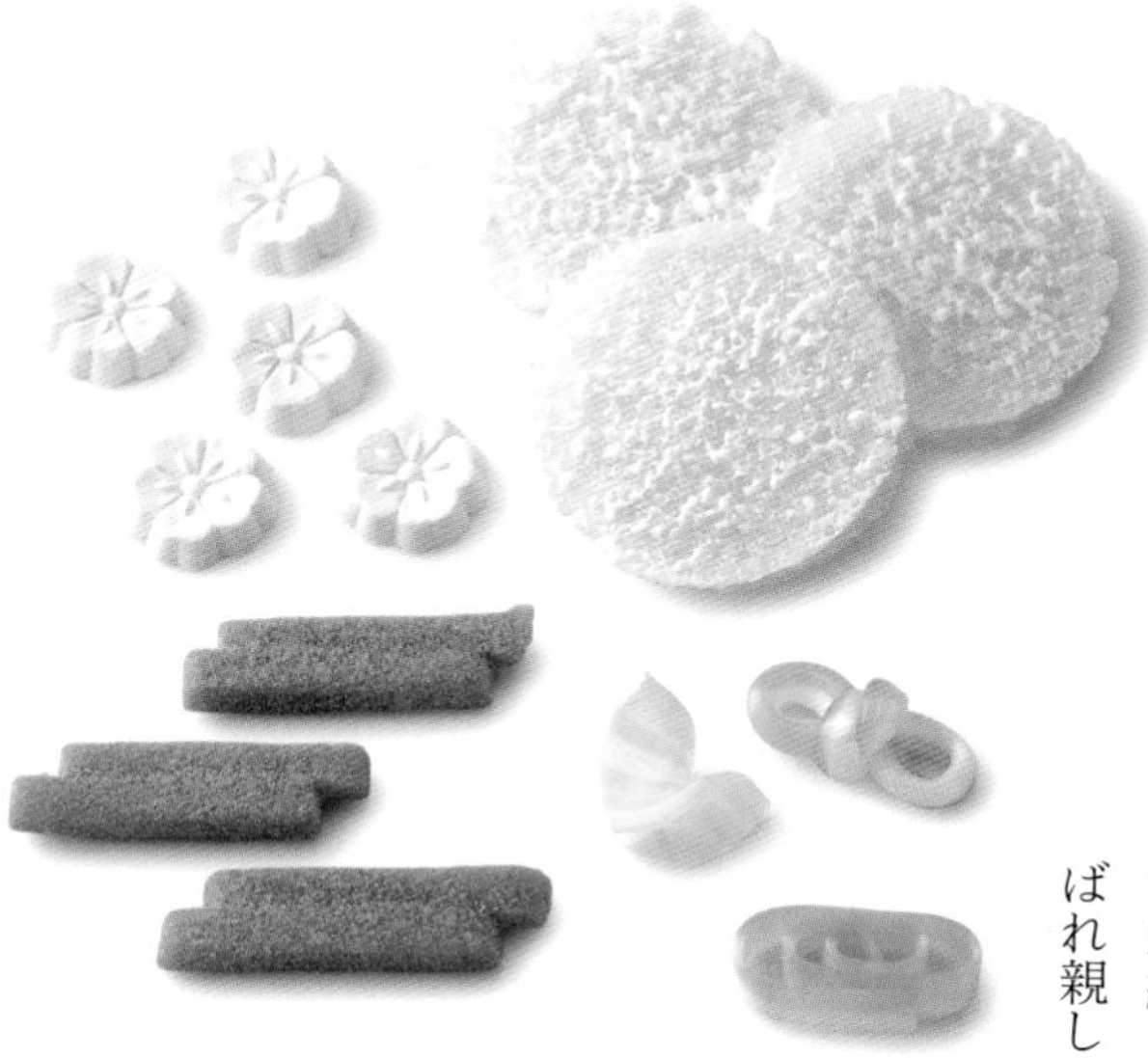

干菓子詰め合わせ《ひがしつめあわせ》

取寄可　要予約　通年

定番のものから季節に合わせたものまで、こちらの要望に応えてくれる詰め合わせ。

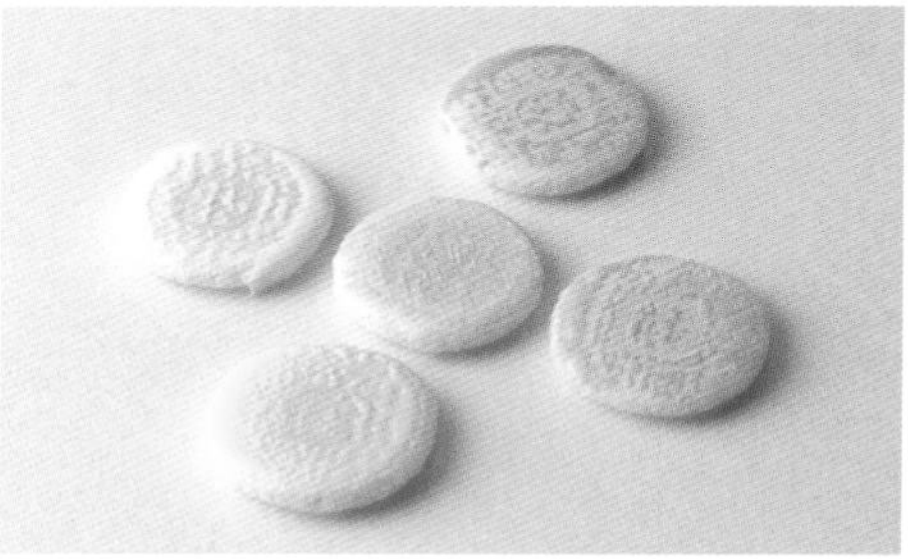

京ふうせん《きょうふうせん》

取寄可　要予約　通年

小さい麩焼煎餅をふうせんに見立て、平安時代の女官装束の「かさねの色目」の基本である「赤・白・青・緑・黄」の5色の砂糖で京の色目を表現。

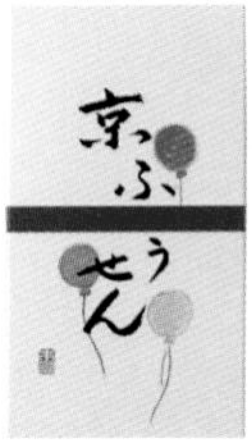

うすべに《うすべに》

取寄可　要予約　通年

かろやかな薄い麩焼煎餅の間に、甘みを添えた梅肉をはさんだ逸品。ほのかな淡紅色が四季のうつろいを写しだす。

千本玉壽軒《せんぼんたまじゅけん》

141頁

本家玉壽軒で修行を積んだ初代が、昭和13年（1938）に独立し、かつて本家があった千本今出川で創業した菓子舗。寺院の御用達も多く務めている。

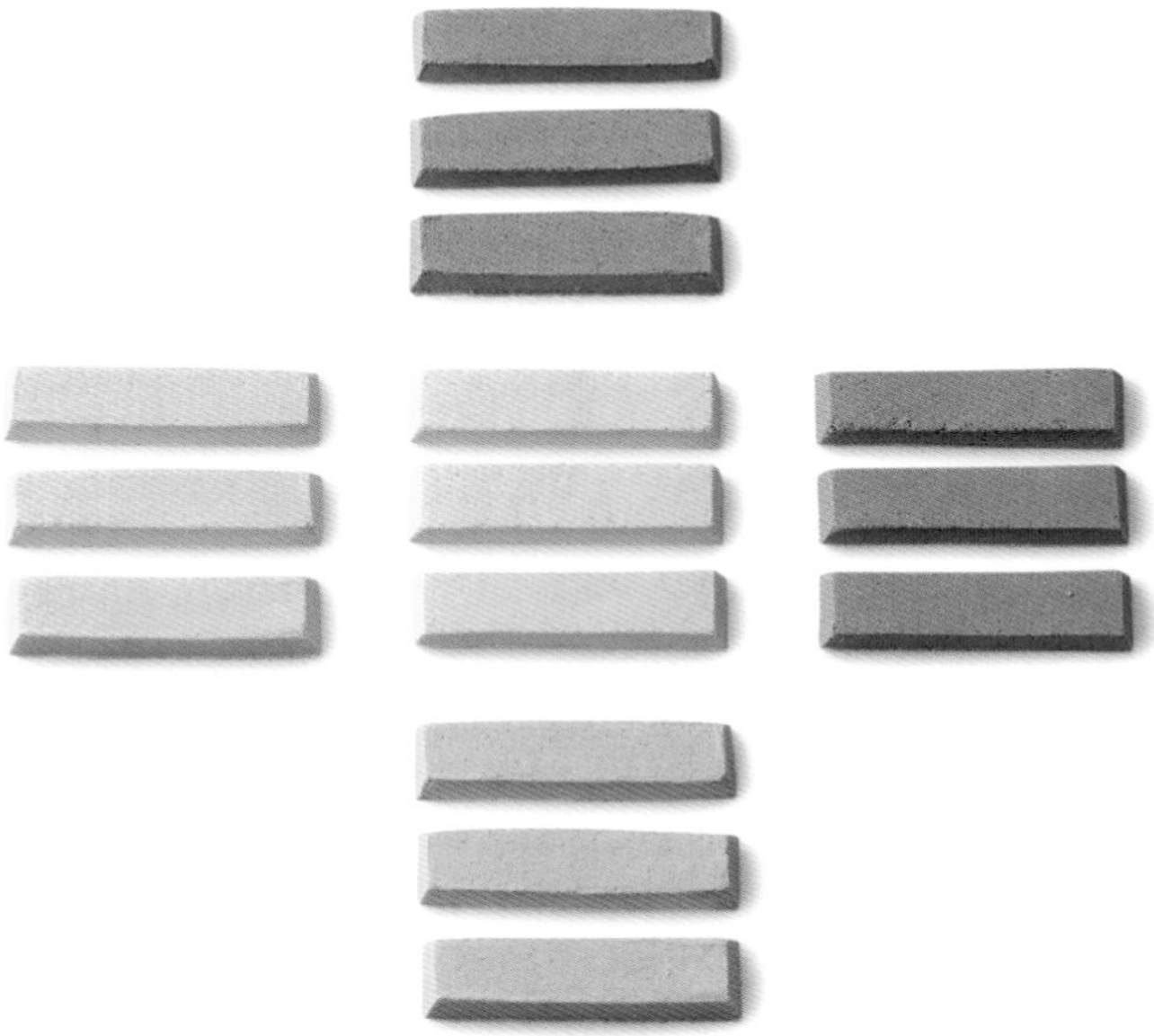

取寄可　要予約

日月菓《にちげつか》

通年

手紙具の店「裏具」と千本玉寿軒の出会いが生んだ美しい干菓子。讃岐和三盆糖のみを使用した、とろっと滑らかな口溶けと高雅な香りがあり、淡白で後口のよい贅沢な味わい。4種のデザインは四方の方角を司る神様「四《し》神《じん》」がモチーフ。

取寄可　要予約

京のしおり《きょうのしおり》

通年

春、夏、秋、冬と様々な趣をみせる京の景色を表現した干菓子の詰め合わせ。季節により取り合わせが変わる。

老舗の干菓子［京都］

鶴屋吉信《つるやよしのぶ》

141頁

享和3年（1803）に創業し、禁裏御所や宮家などの御用を務めていた。家訓の「ヨキモノヲツクル為ニ材料、手間ヒマヲ惜シマヌ事」を大切に守り、ときには新しいものにも挑戦しながら作り続けている。

取寄可　要予約　6月〜7月

御所氷室《ごしょひむろ》

「氷室」とは、冬にできた天然氷を貯えておく山かげに設えた室のことで、清少納言も「氷室の氷はたいへん高貴なもの」と『枕草子』に記している。嚙《か》めばさっくり、中はやわらか、摺《す》り琥珀ならではの口当たり。ほんのり感じる梅酒の風味がすっきり爽やかな甘みを引き立てる。

老舗の干菓子［全国］

干菓子を数多く手がける各地の菓子舗を紹介します。

老舗の干菓子［鎌倉］

豊島屋《としまや》

142頁

鶴岡八幡宮へと続く参道「若宮大路」の入り口に店舗を構える豊島屋は明治27年（１８９４）に誕生。初代が生み出した明治生まれの鳩サブレーは地元鎌倉のみならず全国的に愛される菓子として有名だが、「季節の移ろいを菓子に描くと同時に、鎌倉の語りべとして、鎌倉らしいお菓子を作り続けたい」との想いにより、和菓子店として数多くの上生菓子、干菓子を生み出している。特に干菓子は鎌倉の歴史や風土を感じさせるものばかり。

小鳩豆楽《こばとまめらく》

取寄可 要予約 通年

鶴岡八幡宮の掲額に描かれ、鎌倉の人々に親しまれてきた「鳩」。可愛らしいふっくらとした一粒を口に含めば、ふわりと豆粉の風味が広がる。

紅花市《べにばないち》

取寄可 要予約 通年

鎌倉時代、相模国《さがみ》一帯では紅花が栽培され、その市が鎌倉で開かれていたという。黒糖風味の茶色の部分を鎌倉の大地、その中に点在する赤い粒を紅花に見立てた落雁。

取寄可　要予約　通年

和賀江島《わかえじま》

「和賀江島」とは鎌倉にある人工島で日本最古の築港遺跡。その磯で採れる貝を模し、和三盆糖と青海苔、胡麻を使用した打物菓子。

取寄可　要予約　通年

入府之證《にゅうふのしょう》

源頼朝や北條（条）氏、梶原氏、畠山氏など鎌倉より出土した武将の館の屋根瓦を模どり、はったい粉で仕立てた落雁。

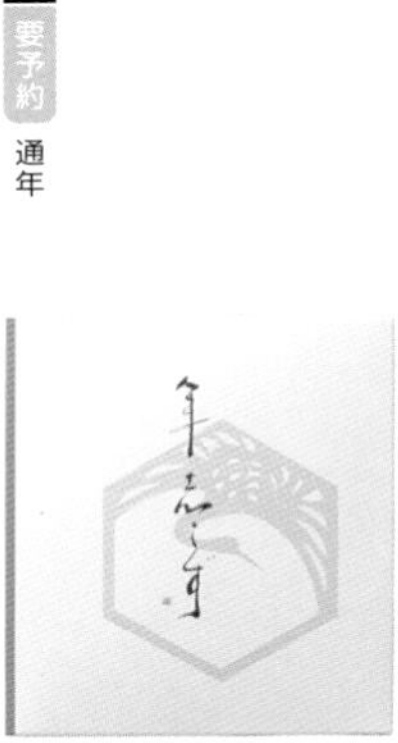

取寄可　要予約　通年

年志らず《とししらず》

古来、身体に良いとされている胡麻・松の実・蜂蜜を醤油風味の餅生地に加え、はったい粉をまぶして仕上げている。

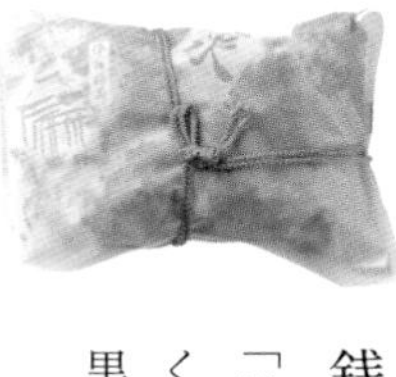

取寄可　要予約　通年

銭洗いの泉《ぜにあらいのいずみ》

「銭洗弁財天」宇賀福神社の境内で湧く霊水「銭洗水」の縁起にあやかった黒胡麻入りの宝露。

老舗の干菓子［富山］

五郎丸屋《ごろうまるや》

140頁

江戸時代、加賀金沢と越中高岡を結ぶ交通の要衝として栄えた石動《いするぎ》は、今石動城の城下町として、また藩政時代には加賀藩のもと、難所・倶利伽羅《くりから》峠を控える宿場町として賑わった。この地で260年余りにわたって和菓子を作り続けているのが「薄氷本舗 五郎丸屋」。宝暦2年（1752）に5代目五郎丸屋八左衛門の手によって誕生した看板商品「薄氷」をはじめ、茶人のみならず多くの人々に愛される菓子を作り続けている。

薄氷《うすごおり》

取寄可 要予約 通年

雪が消えかかる如月・弥生の寒い朝に、水たまりや水田に薄氷が一面に張った美しい姿を表現。藩政時代には禁裏や加賀藩主前田侯より幕府に献上。また明治以降は宮内省の御用をも務めた。

干支の薄氷［子］《えとのうすごおり［ね］》

取寄可 要予約 通年

干支を5味5色で表現した、各年の特別限定品。

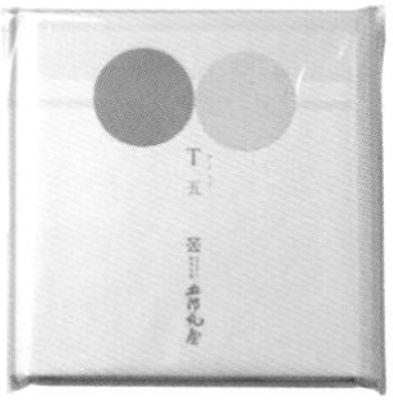

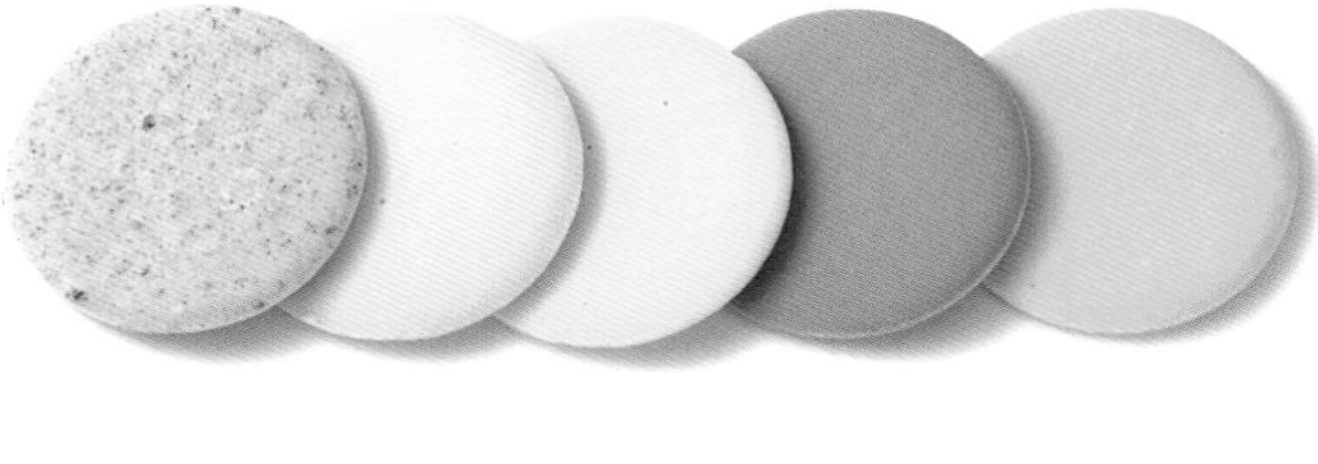

T五《てぃーご》

取寄可 要予約 通年

薄氷のように、口の中に入れると溶ける薄い干菓子。こだわりの和の天然素材でこしらえた五つのTONE（色合い）とTASTE（味わい）。桜、抹茶、ゆず、胡麻、和三盆の5味5色。

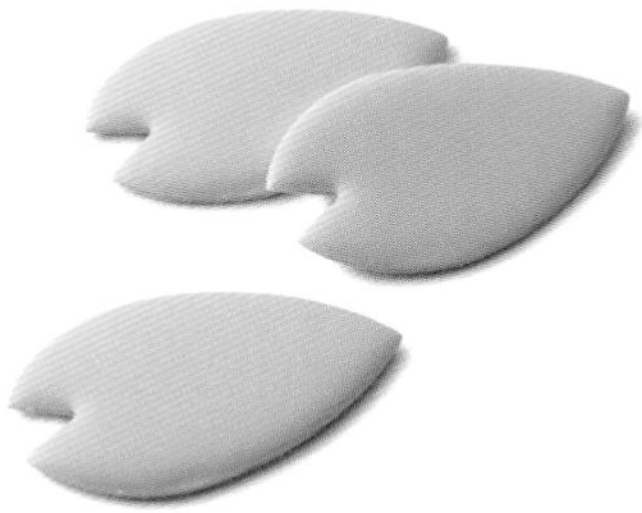

ひとひら（3月～4月）

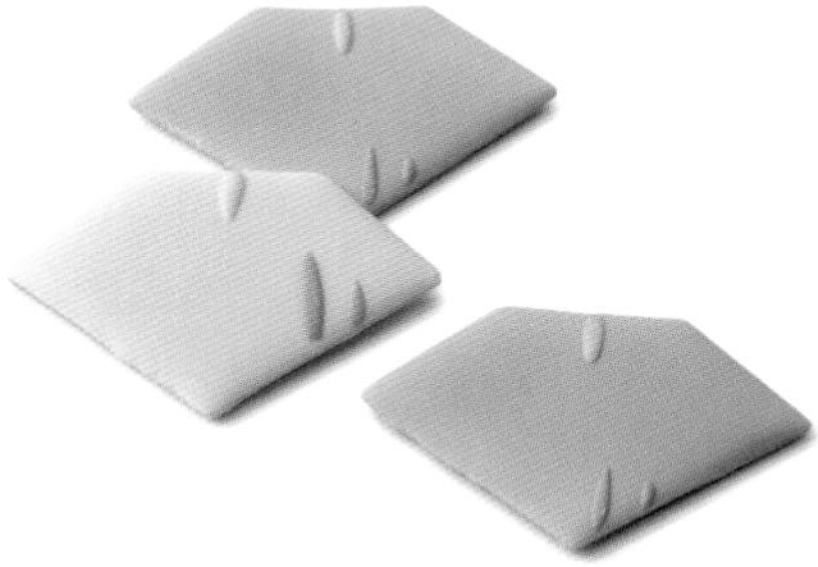

あやめ（4月～5月）

取寄可 要予約

季節の薄氷《きせつのうすごおり》

銘菓「薄氷」が四季折々に表情を変える。

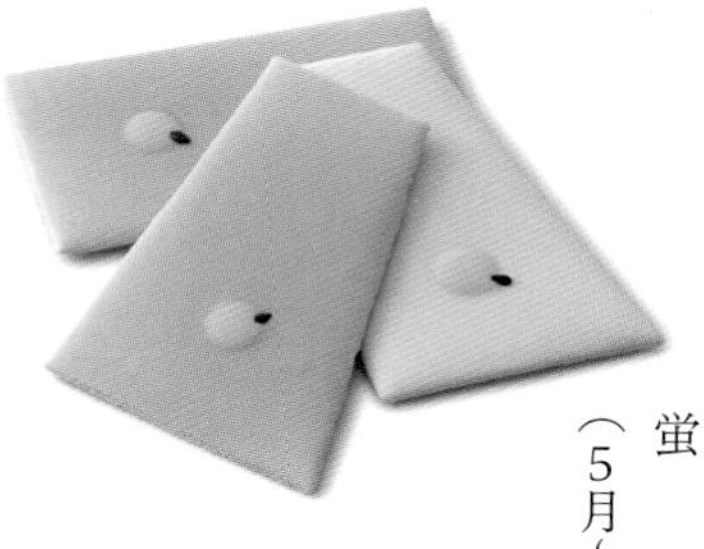

蛍（5月～6月）

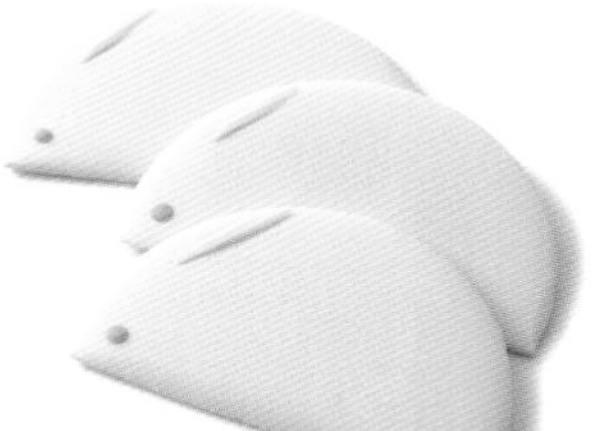

雪うさぎ（1月～2月）

浴衣（7月～8月）

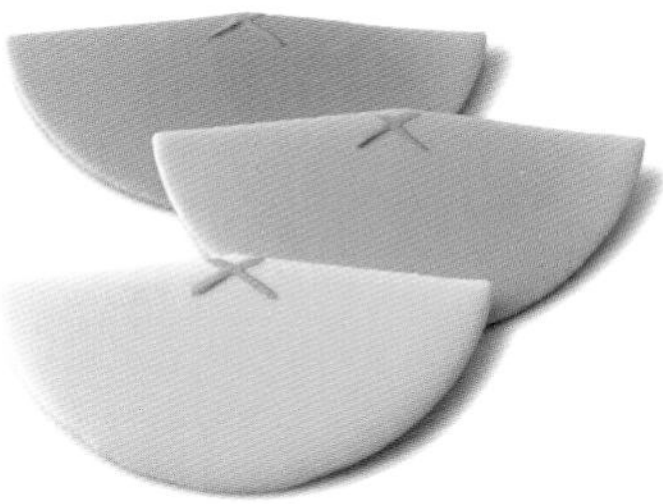

風の盆（風の盆開催時期）

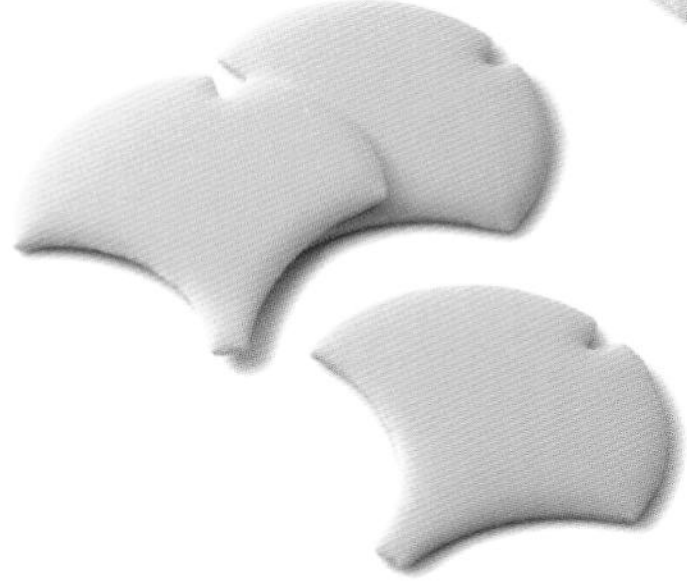

いちょう（10月～11月）

取寄可 要予約 通年

木林《きりん》

サクッとした食感の和風メレンゲ。すっと溶けていくメレンゲのやわらかな甘味。食べやすくスティック状に仕上げた。塩味（桜）、苦味（抹茶）、酸味（レモン）、甘味（和三盆）、滋味（ココア）の5味5色。

落雁諸江屋《らくがんもろえや》

143頁

嘉永2年（１８４９）の創業以来、１７０年余りにわたり加賀百万石の都・金沢と共に歩み続けてきた諸江屋。歴史的な由緒を有する「方丈菓子」や「加賀宝生」「花うさぎ」など加賀銘菓の伝統を今に伝え、昔ながらの製法にこだわりながら、落雁一筋に代々受け継がれてきた味と技は、茶道の盛んな金沢の地で、味の良さ、姿の美しさ、品質の高さから高く評価され、多くの茶席を彩っている。

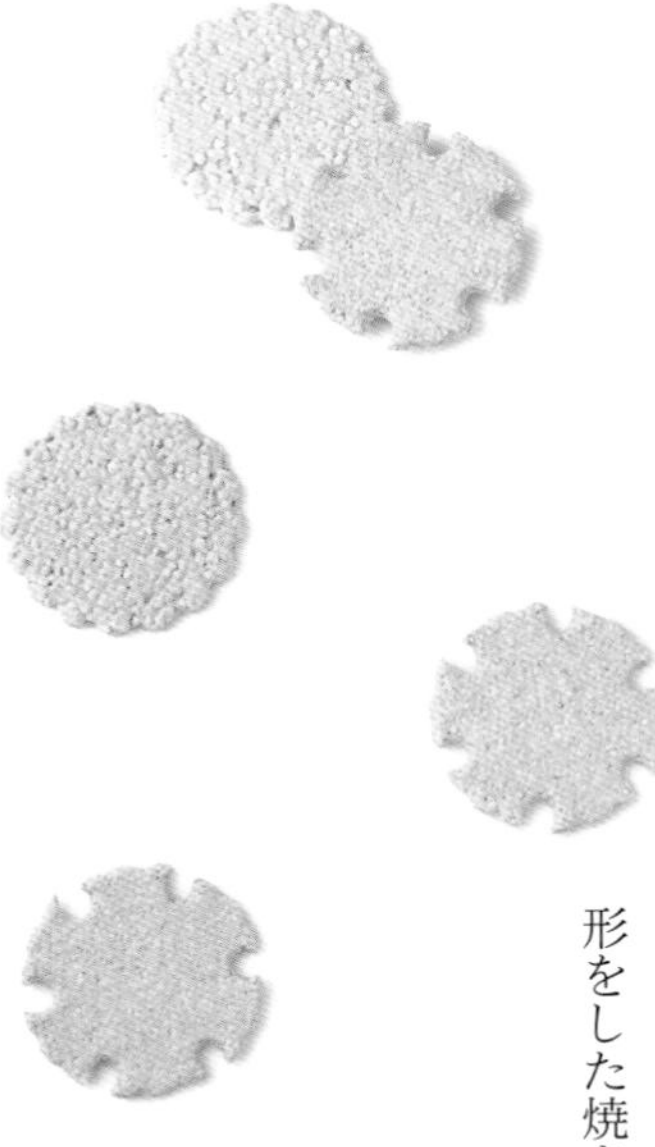

加賀てまり《かがてまり》

取寄可　要予約　通年

紅白を合わせて包んだ鈴の形の落雁。

軟楽甘《なんらくかん》

取寄可　要予約　通年

「軟楽甘」として遣唐使によって伝えられた菓子に想いを寄せて再現した、雪輪と菊花の2種の形をした焼き菓子。

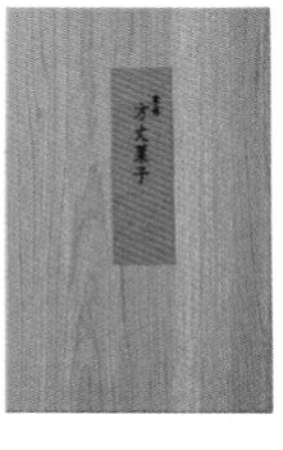

方丈菓子《ほうじょうがし》

取寄可　要予約　通年

一休禅師が節分の豆をもって創案したとも伝えられる伝統の落雁を同舗の初代が京都で修業中に会得。上下の落雁に洲浜を挟んだ素朴な味わい。

万葉の花《まんようのはな》

取寄可　要予約　通年

和三盆糖と寒梅粉、小豆の風味を生かし、古くより伝わる木型をもって作り上げた落雁。

取寄可　要予約　通年

風流《ふうりゅう》

「源氏香」の「初音」を意匠した、北海道産小豆の粒餡を韃靼《だったん》蕎麦粉で包んだ生落雁。

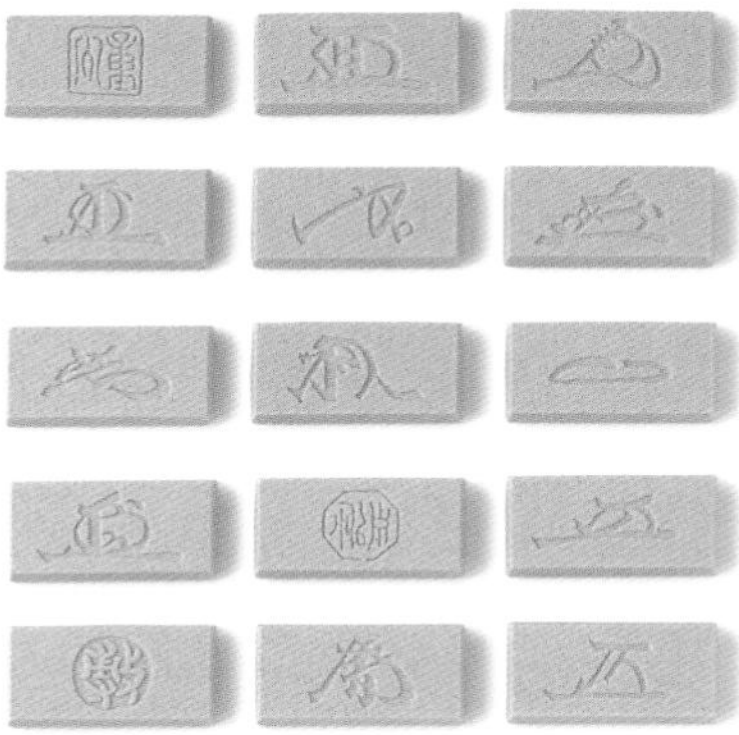

取寄可　要予約　通年

加州香《かしゅうこう》

加賀藩歴代藩主の花押をあしらった、炭火で焙煎した韃靼《だったん》蕎麦粉と和三盆糖を原料とした昔ながらの製法で調整した落雁。

取寄可　要予約　通年

庵《いほり》

加賀平野産の餅米を使用した麩焼きを黒砂糖蜜で仕上げた、サクサクと軽い歯ざわりの菓子。

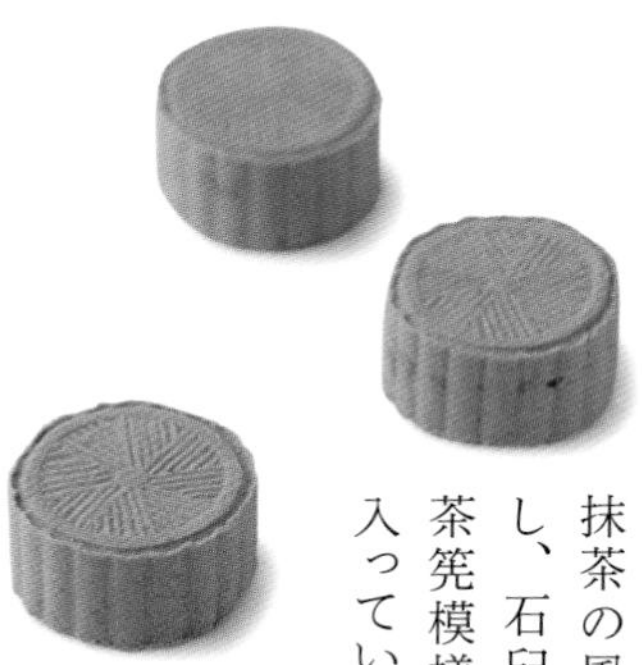

取寄可　要予約　通年

濃茶楽雁《こいちゃらくがん》

抹茶の風味と餡の旨みを生かし、石臼型に仕上げた生落雁。茶筅模様緞子を意匠した箱に入っている。

取寄可　要予約　通年

唐松せんべい《からまつせんべい》

唐松を模った、金沢古来の白味噌入り餅種煎餅。ほのかな甘さと白味噌の風味が絶妙。

取寄可　要予約　通年

妙蓮せんべい《みょうれんせんべい》

蓮華を模った蓮根風味の軽焼煎餅。金沢名産の小坂蓮根を使用。

取寄可　要予約　通年

菊花せんべい《きっかせんべい》

唐菊形の餅種煎餅に生姜砂糖を引いた、軽い歯触りの煎餅。

老舗の干菓子［松江］

三英堂《さんえいどう》

140頁

京都・金沢と並び、全国でも三指に数えられる和菓子処・松江で、昭和4年（1929）、岡栄三郎によって創業した三英堂。創業以来、優秀な製造技術による品質の高さと誠実さを認められ、茶道各流派の茶席菓子としてはもちろん、陶芸家・河井寛次郎などの芸術家にも愛されてきた。松平不昧《ふまい》公好みの「菜種の里」「山川」「若草」や松江の風土を伝える伝統菓子のみならず「NEW松江菓子」も好評を得ている。

菜種の里《なたねのさと》

取寄可　要予約　通年

松平不昧公が好んだ「不昧公三大銘菓」の一つ。春の菜畑を蝶が飛びかう様を表現した、ザクッとした噛み応えと確かに残るしっとりとした質感の一枚板の落雁。不昧公の命名により「寿々菜さく野辺の朝風そよ吹けはとひかう蝶の袖そかすそふ」と引歌がある。

山川《やまかわ》

取寄可　要予約　通年

「不昧公三大銘菓」の一つ。不昧公の命名で、引歌は「散るは浮き散らぬは沈むもみじ葉の影は高雄の山川の水」。

若草《わかくさ》

取寄可　要予約　通年

「不昧公三大銘菓」の一つ。良質のもち米を求肥に練り上げ、若草のように仕上げた風雅な茶席菓子。不昧公の命名で、引歌は「くもるぞよ雨ふらぬうちに摘て置け栂尾山の春の若草」。

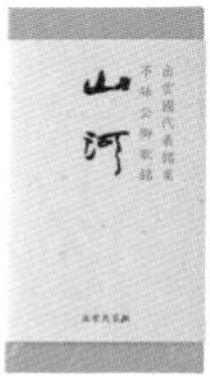

取寄可 **要予約** 通年

山河
さんが

松平不昧公が寛政8年（1796）10月の御口地の茶事で用いたと伝わる、和三盆糖を使用した淡紅色の打物。「山川」の原型。流水に紅葉、峰に月と鹿の浮模様をおく木型は名工小林如泥作。

取寄可 **要予約** 通年

八重垣
やえがき

奈良の中宮寺で催された三斎流の茶会の折に誕生。寒梅粉を使用した打物で、黄は山吹の花、緑は葉を表現。山田無文妙心寺派管長の命名。

取寄可 **要予約** 通年

うす氷
うすごおり

琥珀糖を薄く切り、グラニュー糖を表面につけて乾燥させ、氷が薄く張った様子を表現。

取寄可 **要予約** 5月上旬～8月末

季子ごよみ［夏］
きしごよみ［なつ］

生地の中にピンクと紫と青の三色の琥珀を散りばめ、出雲地方特産の出西《しゅっさい》生姜の粉末を入れ、風味をつけた淡雪。青楓の干菓子が2枚添う。「季子ごよみ」は四季ごとに、春（2月～4月末）、夏（5月～8月）、秋（9月～11月末）、冬（12月～1月末）の4種類あり。

［春］

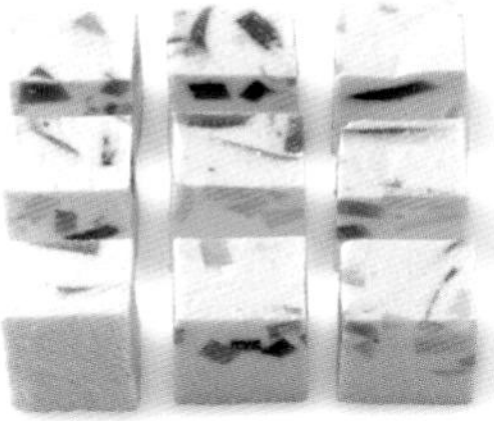

［冬］

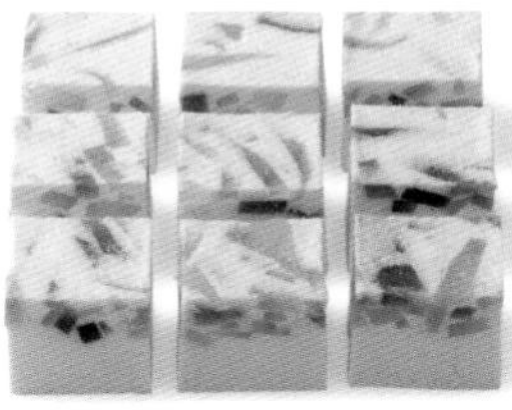

［夏］

老舗の干菓子［香川］

三谷製糖《みたにせいとう》
羽根さぬき本舗《はねさぬきほんぽ》

143頁

江戸時代の花形産業として栄え、東讃地方で営まれてきた和三盆作り。この和三盆を昔ながらの製法で作っている三谷製糖は文化元年（１８０４）の創業。独自の製法で丸めて固め、一つひとつ和紙で包んだ最もシンプルな和三盆「羽根さぬき」をはじめ、日本の美しい四季を、熟練の職人による手作業で表現した「四季の華」は正に芸術品。手間隙かけて生み出される上品な甘さと滑らかな口どけを味わいたい。

取寄可　要予約　通年

菊《きく》

桜《さくら》

椿《つばき》

穏やかな色合いの2色に打ちだされた干菓子。季節ごとに14種類の花が販売されている。

［菊］

［桜］

［椿］

取寄可 要予約 通年

四季の華 しきのはな

色とりどりの小ぶりな花の詰め合わせ。九つの枠に分けられ、約1か月半ごとに枠が移り変わる。

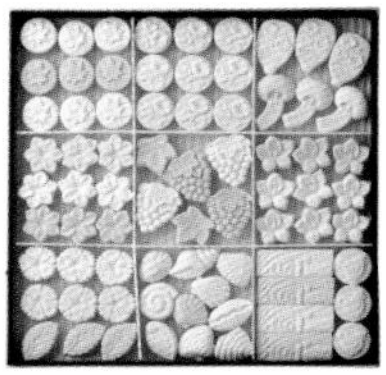

取寄可 要予約 3月中旬〜5月5日まで

子供の日 こどものひ

菖蒲や張り子の虎、陣太鼓、兜など、子どもの成長を願う詰め合わせ。可愛らしいデザインで並んでおり、端《たん》午《ご》の節句の取り合わせにふさわしい。

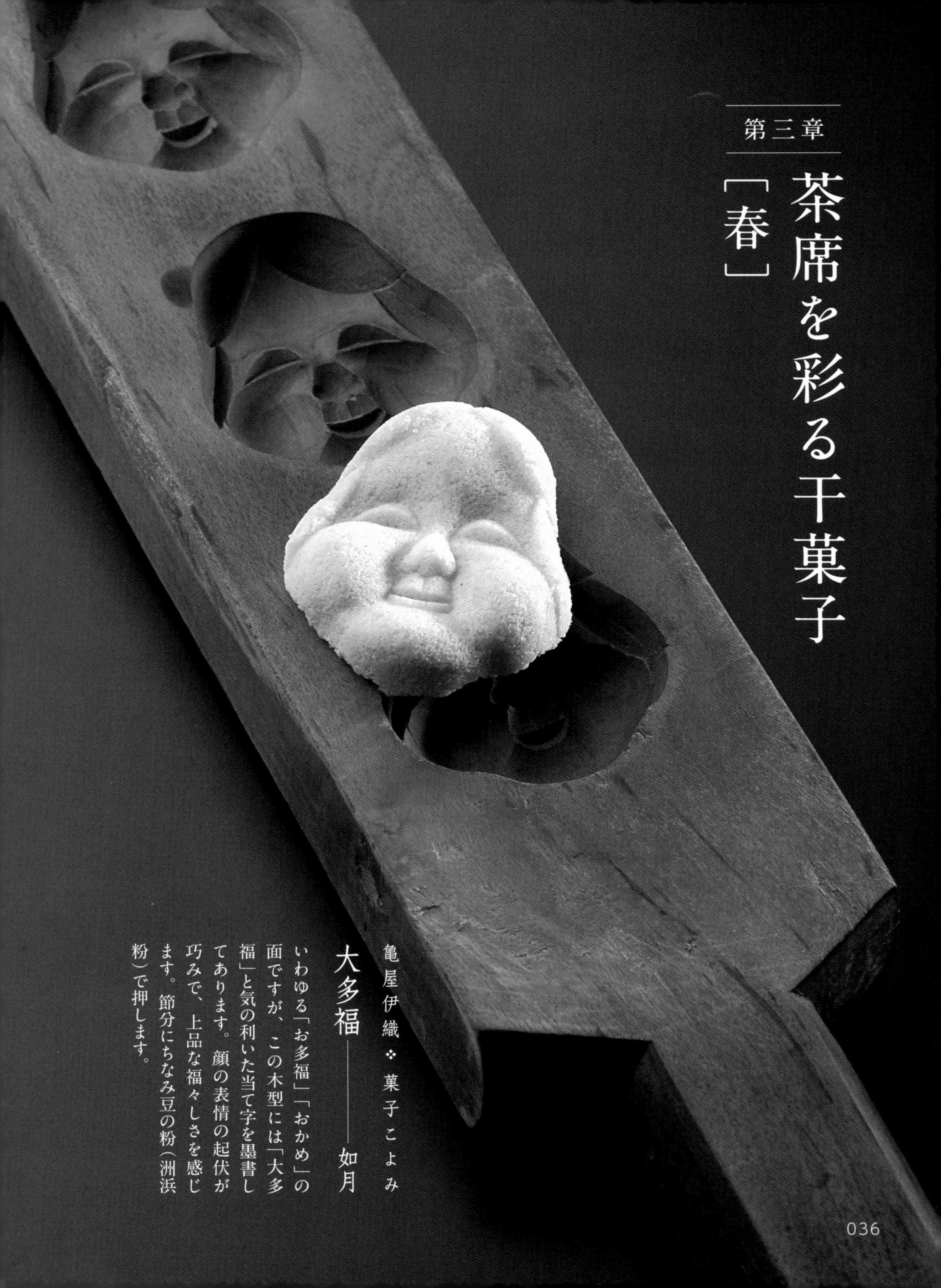

第三章

茶席を彩る干菓子［春］

亀屋伊織❖菓子こよみ

大多福——如月

いわゆる「お多福」「おかめ」の面ですが、この木型には「大多福」と気の利いた当て字を墨書してあります。顔の表情の起伏が巧みで、上品な福々しさを感じます。節分にちなみ豆の粉（洲浜粉）で押します。

亀屋伊織 ❖ 菓子こよみ

荘子——弥生

私の店には香合を型に写した木型がいくつかあり、これもその一つです。中国の思想書『荘子』にある、いわゆる「胡蝶の夢」の故事からの銘で、浅彫りの蝶が幻想的に浮かび上がります。

冨貴春——卯月

「冨（富）貴」とは牡丹のこと。中国の唐代には、牡丹を愛でる風習が流行し、時季になると、長安の都は花見客でごった返したといいます。漢詩によく詠われる、春たけなわの華やかな風景です。

鉢の木《はちのき》

鉢の木七冨久《はちのきしちふく》

142頁

取寄可　要予約

通年

高崎に伝わる物語からの菓銘。求肥と卵を主体とした、口当たりの良い、もっちりとした食感。黒糖、しそ、柚子の3色の風味に仕上げている。

飛梅《とびうめ》

梅園菓子処《ばいえんかししょ》

142頁

取寄可　要予約

通年

菅原道真公の徳を慕って、京都より飛んで来たと伝える名木飛梅が菓銘の由来。きめが細かく、阿波産和三盆糖の上品な甘さは心和む味わい。

ほほえみ

ほほえみ もりのかほんぽ

森の香本舗

取寄可 要予約 通年

「お福さん」をイメージして、一筆で紅をひき、微笑んだ唇を表現している。梅餡（ピンク）と柚子餡（ブルー）を挟んだ、二色の可愛らしい麩焼煎餅。

143頁

花うさぎ

はなうさぎ らくがんもろえや

落雁諸江屋

取寄可 要予約 通年

和三盆糖と糒《ほしいい》を用いて、昔ながらの製法で作り上げられ、梅の花を模ったピンク、白、緑と3色に色付けされた落雁。口の中で溶ける上品な甘さの一粒一粒が和紙で包まれている。

143頁

春忘《しゅんぼう》

虎屋吉末《とらやよしすえ》

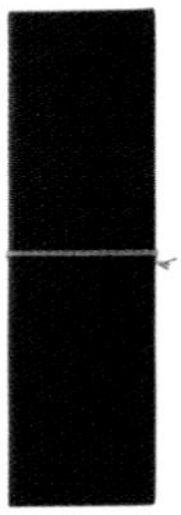

142頁

取寄可　要予約

通年

菅原道真公が詠んだ「東風吹かば匂いおこせよ梅の花主無しとて春を忘るな」に寄せた、春の梅花、秋の菊（兵庫県花に因んで）を模った押物の組み合わせ。

春秋襲《しゅんじゅうがさね》

虎屋吉末《とらやよしすえ》

142頁

取寄可　要予約

通年

日本古来の高貴な装束の「襲」に寄せ、春山の情景に想いを馳せた「春咲み」と菊花を用いて歌を詠み競う風流心を誘う「菊合わせ」を、阿波和三盆で表現。

春

折りふしに

おりふしに　もりのかほんぽ

森の香本舗

取寄可　要予約　通年

「折ふし」は「その時々」という意味。二十四節気の周辺にある、言の葉になる以前の美しい天工を目安にして、今風古典をテーマに意匠した72種から3種を選んで組み合わせたタブレット。和三盆と吉野本葛が、口に含むとほろほろと優しく崩れて上品な甘みが広がる。

143頁

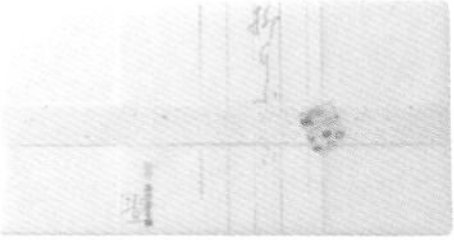

路芝

みちしば　ふうりゅうどう

風流堂

取寄可　要予約　通年

草の上に積もった雪が溶けていく様子を表した、白胡麻入りの求肥と白餡を重ねた菓子。可愛らしい姿と胡麻の香り、控えめな甘さがあいまった奥行きの深い味わいは松平不昧《ふまい》公ゆかりの松江ならでは。

142頁

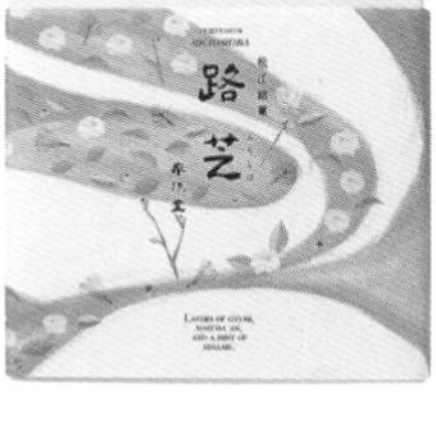

貝づくし　亀廣保

かいづくし　かめひろやす

取寄可　要予約　2月中旬〜3月

139頁

片栗と有平糖で作られた、帆立貝、さざえ、桜貝、珊瑚など8種類。赤や黄色、桃色で彩られた貝づくしは、上巳《じょうし》の節句にふさわしい。

貝千年　長門屋

かいせんねん　ながとや

取寄可　要予約　通年

142頁

愛らしい貝の形をした和三盆糖が天然のハマグリの中に詰め合わされている。口に含めば、さらりとほどけて溶けてゆく。良縁をもたらす縁起物や夫婦和合の象徴として婚礼行事などにも使われてきた。

菜花糖　大黒屋

さいかとう　だいこくや

取寄可　要予約　通年

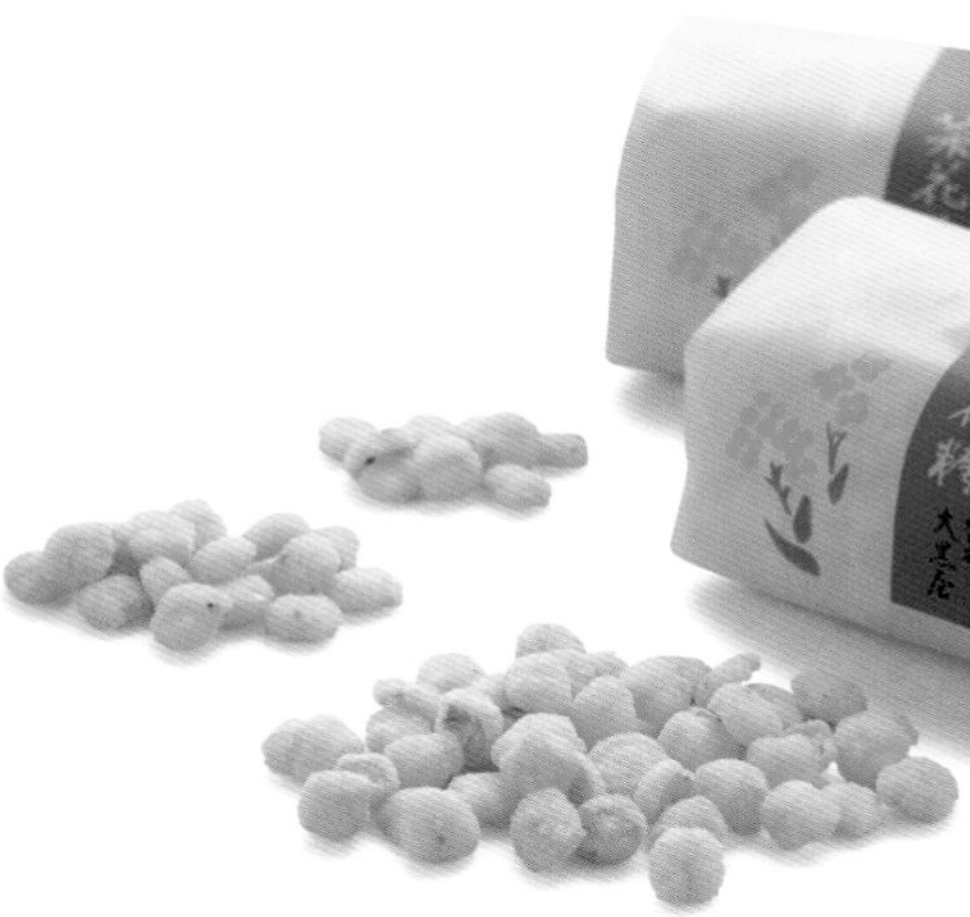

鯖江《さばえ》藩主の贈答菓や茶会に用いられ、地元では「なたねとう」と呼ばれ愛されている鯖江の銘菓。煎ったもち米に、柚子の皮とクチナシで色づけした砂糖をまぶして乾燥させる。振出しに入れるのが向いている。

141頁

花守　桔梗屋織居

はなもり　ききょうやおりい

取寄可　要予約　2～5月

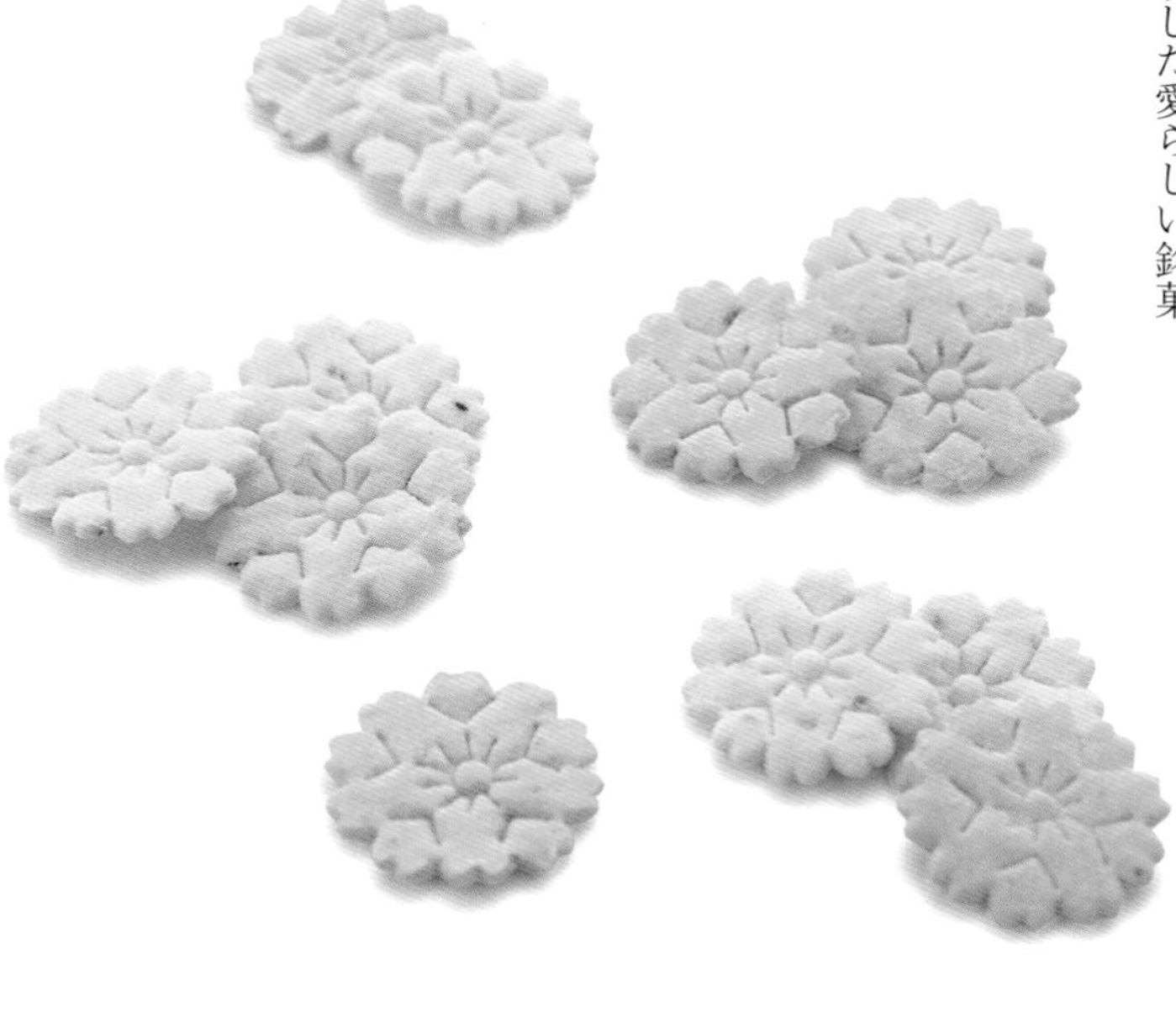

松尾芭蕉が「一里はみな花守の子孫かや」と詠んだ伊賀上野の花垣の庄にある興福寺ゆかりの八重桜を、江戸時代から伝わる技法で調整した芋寒梅粉で表現した愛らしい銘菓。

139頁

桜干菓子《さくらひがし》 塩野《しおの》

140頁

取寄可 要予約 2月中旬～4月中旬

山桜や八重桜、吉野桜の3種類の桜をモチーフにした見た目も美しい干菓子。シャリシャリとした半生の食感が、口の中でゆっくりと溶けていく様は桜の儚さを感じさせる。

西行桜《さいぎょうざくら》 吉田屋《よしだや》

143頁

取寄可 要予約 通年

吉野葛に香川県産のさぬき和三盆糖を加えた葛菓子。口の中ですーっと溶けるなめらかな舌触りは葛菓子ならでは。春の「西行桜」以外にも、「紅葉」「桜」「葉」「菖蒲」など四季折々の草花を模したものもおすすめ。

さまざま桜《さまざまざくら》　紅梅屋《こうばいや》

取寄可　要予約　通年

「さまざまのことを思ひ出す桜かな」と松尾芭蕉が花見の宴で詠んだ句に因む。海苔や胡麻入りなど豊かな風味とカリッと砕ける食感が楽しい。桜の花びらを封じ込めた「ゆめみ桜」も。

139頁

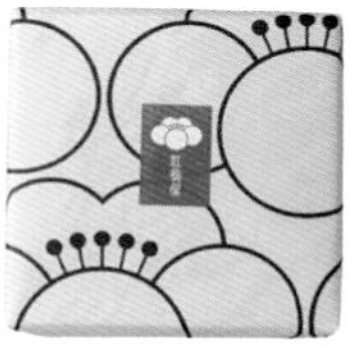

千本桜《せんぼんざくら》　鶴聲庵《かくせいあん》

取寄可　要予約　通年

表面に糖蜜が刷毛塗りされ、筒状に巻かれた麩焼煎餅の中に薄紅色の求肥餅が隠れている様子からの銘。麩焼のサクッとした食感の後に求肥のフワフワした食感が訪れる。

138頁

桜の有平糖　紫野源水

さくらのあるへいとう　むらさきのげんすい

143頁

取寄可　要予約　3～4月

ガラス細工のように向こう側を透かして見ることが出来る淡いピンク色の桜の花は、中央に黄色い雄しべが施され、食べるのがもったいないほどの精巧さ。若い緑色の葉と共に箱に収められている。

さくら　豊島屋

さくら　としまや

142頁

取寄可　要予約　春

紅白2種類の桜と春の風景を打物で表現した。季節ごとに移り変わる風景を表現するように、時季によって内容が変わる。

春

吉野懐古／やまぶき

よしのかいこ／やまぶき

松屋本店

まつやほんてん

143頁

取寄可　要予約　通年

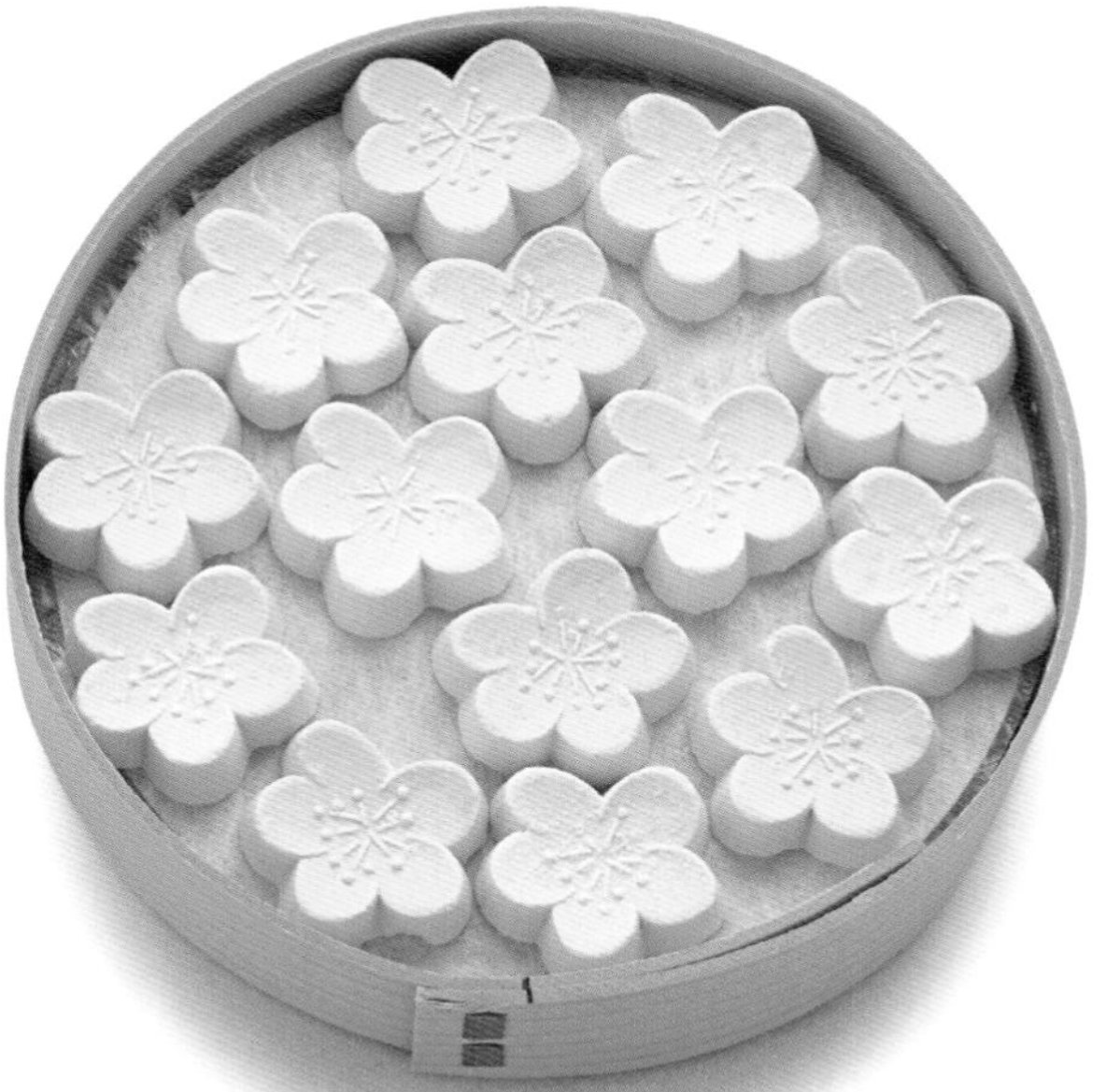

同店銘菓の「吉《よし》野《の》拾遺《しゅうい》」の姉妹品として生まれた、純真寒晒しの吉野葛に阿波の和三盆糖を練り込んだ舌触りの良い干菓子。桜の花を模したピンクと白の「吉野懐古」、山吹を模した黄と白の「やまぶき」の他に、ピンクの「花あかり」も。

二人静

ににんしずか

両口屋是清

りょうぐちやこれきよ

取寄可　要予約　3〜4月

143頁

清楚な茶花「二人静《ふたりしずか》」を模した干菓子。和三盆製のほんのりと甘く、口溶けのなめらかな紅白一対の落雁が和紙に包まれている。

春敲門

しゅんこうもん

きよめ餅総本家

きよめもちそうほんけ

取寄可　要予約　通年

139頁

「春敲門」は熱田神宮の神門の一つで、小野道風の筆になる額が掲げられた東門のこと。「春は東から訪れる」というめでたい意味の額を縮模した和三盆製の干菓子。

茶席を彩る干菓子［夏］

亀屋伊織❖菓子こよみ

あやめ――皐月

私どもの店では単に「あやめ」と申しておりますが、端午の節句の「菖蒲」、あるいは『伊勢物語』の「かきつばた」、いずれでもご趣向でお使い頂いております。花の特徴をすっきりとまとめた、落ち着きのある意匠です。

亀屋伊織❖菓子こよみ

面高——水無月

面高《おもだか》（沢瀉）は、葉の形が特徴的な水辺の植物です。家紋などに意匠化されたものがありますが、この型では一つ一つの姿に変化を持たせ、遊び心を加味しています。明治・大正期に活躍した画家・今尾景年の下絵によるものと思われます。

亀屋伊織 ❖ 菓子こよみ

糸巻――――文月

旧暦の七月は初秋となりますが、現在の七夕は、本格的な夏の先駆けとなる時季です。織姫の使う糸巻に笹や水を添えて、涼しさも感じて頂きます。この糸巻の形は、特に裏千家14代淡々斎宗匠が好んでお使いになったと聞いております。

藤団子

とうだんご　きよめもちそうほんけ

きよめ餅総本家

取寄可　要予約　通年

紫、白、桃、黄、緑の彩り豊かな5色の環《わ》を麻ひもで結わえ、藤の花房に見立てた、上品な味わいの干菓子。節句に用いる薬玉の5色に通じ、厄除けや五穀豊穣への願いが込められている。『尾張名所図会』にみえる熱田神宮の名物を初代が復元。

139頁

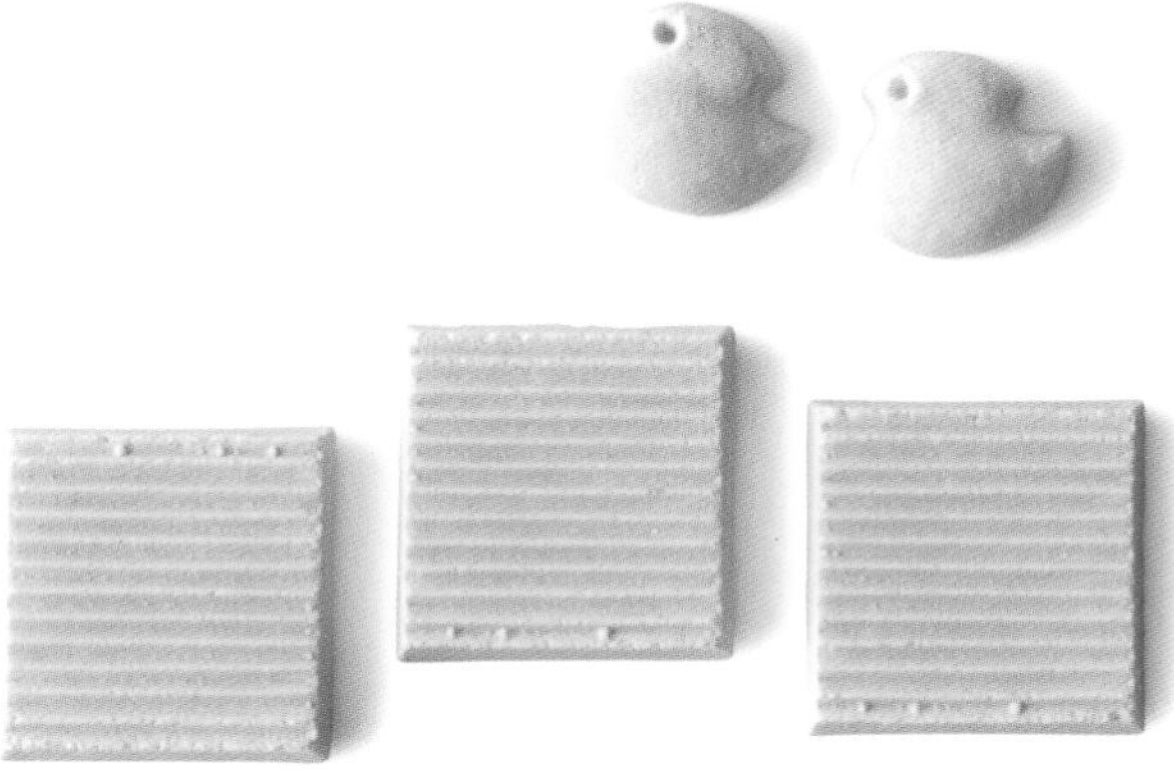

都鳥

みやこどり　しおせそうほんけ

塩瀬総本家

取寄可　要予約　通年

『伊勢物語』の「東下《あずまくだ》り」にて、昔男が「京には見えぬ鳥」と評した都鳥。隅田川の流れと戯《たわむ》れる水鳥がその光景を想い起こさせる。

140頁

都鳥　奈良屋本店

みやこどり　ならやほんてん

142頁

取寄可　要予約　通年

精選された上砂糖と新鮮な卵白だけを使用したメレンゲ菓子。完全な手しぼりのため、一つ一つが違った表情を持っている。

まゆはき　乃し梅本舗佐藤屋

まゆはき　のしうめほんぽさとうや

142頁

取寄可　要予約　通年

松尾芭蕉の句「まゆはきをおもかげにして紅の花」をモチーフにした菓子。麩焼煎餅に山形産の梅を用いた梅羊羹を挟んだ、甘酸っぱく上品な甘みが人気。

空豆

森の香本舗

そらまめ　もりのかほんぽ

143頁

取寄可　要予約

通年

運気上昇の穀物と言われている空豆を、洲浜粉や餅粉、米飴、砂糖を練りこんだ生地で形作り、きな粉をたっぷりとまぶして仕上げた半生菓子。

かがり焼鮎

奈良屋本店

かがりやきあゆ　ならやほんてん

142頁

取寄可　要予約

通年

鵜飼《うかい》で有名な長良川《ながらがわ》の清流に遊ぶ鮎を模した焼菓子。黄味を主材料として一つ一つ手作業で焼き上げ、サクッと軽い食感と、やさしい味わいが特徴。

夏越川　鶴屋吉信

なごしがわ　つるやよしのぶ

取寄可　要予約　6〜8月

初夏の風物詩「夏越の祓《はらえ》」が行われる上賀茂神社の御手洗川《みたらしがわ》の清流をイメージしたこの菓子は、柚子風味の琥珀糖で清涼感漂う。48枚入りには実物を模した茅の輪が入る。

写真はイメージです

141頁

糸巻御所落雁　河内屋菓子舗

いとまきごしょらくがん　こうちやかしほ

取寄可　要予約　通年

落雁粉と和三盆を用いた代表的な落雁。本願寺第8世の蓮如《れんにょ》上人が北国下りの折に随従した職人によって伝えられたという。明治時代に造られた木型によって打たれ、香り深く口触りもなめらか。

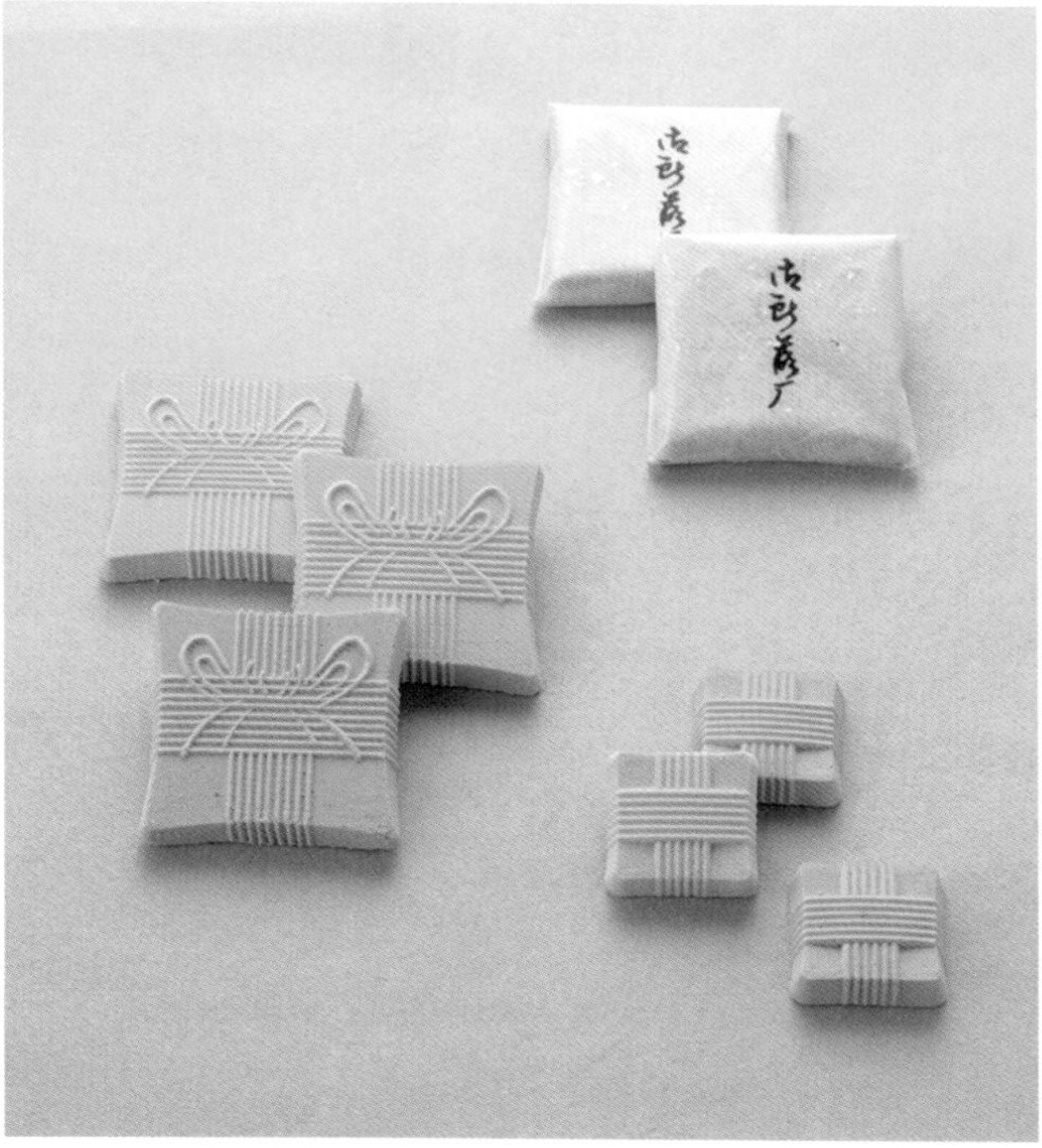

139頁

五色糸　とらや

ごしきいと　とらや

取寄可　要予約　通年

七夕の日に機織《はたお》り、裁縫《さいほう》の上達を願って笹竹に飾られたことから、「希望を叶える糸」とも言われる「五色糸」。5色の糸に込められた願いを、平安時代の貴婦人の教養の一つであった「結び」の意匠に託した菓子。薄荷《はっか》・生姜《しょうが》・梅肉・柚子・肉桂《にっけい》の5種類の香り。

142頁

珠玉織姫　松屋藤兵衛

たまおりひめ　まつやとうべえ

取寄可　要予約　通年

白蜜と寒梅粉を丸め、5色に色付けした可愛らしい干菓子。赤は梅、黄は生姜、白は胡麻、青は柚子、茶は肉桂で風味付けされ、西陣織を織りだす5色の糸を表す。しっとりとした歯触りで風味もやさしい。

143頁

夏

星の雫《ほしのしずく》 松華堂《しょうかどう》

取寄可 要予約 5〜8月

赤・青・黄・白・緑。見た目も可愛らしい5色に色分けされた和三盆糖の落雁菓子。小さなサイコロ状の形は、まるで満天に輝く星々を連想させる。口に入れるとホロリと溶け、やさしい甘みが口中に広がる。

140頁

青苔《せいたい》 鶴屋吉信《つるやよしのぶ》

取寄可 要予約 通年

打ち水に苔が青々と息づく美しい景色を表現した裏千家15代鵬雲斎大宗匠命名の3色の琥珀糖。

141頁

真珠糖《しんじゅとう》

桔梗屋織居《ききょうやおりい》

取寄可　要予約　通年

伊勢志摩の真珠店「松井真珠店」の記念菓。真珠を宿すアコヤ貝と真珠の形を和三盆を材料に細部まで表現。口溶けの良い和三盆の上品な味。

139頁

割氷《わりごおり》

河藤《かわとう》

取寄可　要予約　通年

氷砂糖のような半透明の涼しげな錦玉糖。表面のシャリシャリ感と、中の寒天の柔らかさが楽しく、甘さを控えた夏にぴったりな味わい。

139頁

夏

みずのいろ　つちや

みずのいろ　つちや

141頁

取寄可　要予約

通年

昔から「水の都」と称されるほど豊富な地下水に恵まれた岐阜県大垣の地で生まれた干錦玉糖。さまざまな色へと変化する水をイメージし、ハーブを使用し5色で5味を表現。水滴のような丸い形が美しい。

うちわ煎餅　加藤皓陽堂

うちわせんべい　かとうこうようどう

138頁

取寄可　要予約

通年

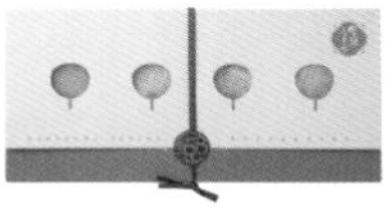

水色や桃色、白色といった涼しげな色合いのすり蜜の上に四季折々の花鳥風月を描いた、うちわ形の煎餅。サクッとした食感と、ホロホロと口の中で溶けていくすり蜜が魅力。

うみのうた

三谷製糖羽根さぬき本舗

143頁

うみのうた　みたにせいとうはねさぬきほんぽ

取寄可　要予約

通年

瀬戸内のおだやかな波と点在する島々をイメージ。口に入れた瞬間、舌触りよくほろりと溶けていく。

季節の薄氷 ラムネ

五郎丸屋

140頁

きせつのうすごおり　らむね　ごろうまるや

取寄可　要予約

7月～8月

銘菓「薄氷」の夏季限定品。細部にまでこだわり、昔懐かしい瓶ラムネを表現。

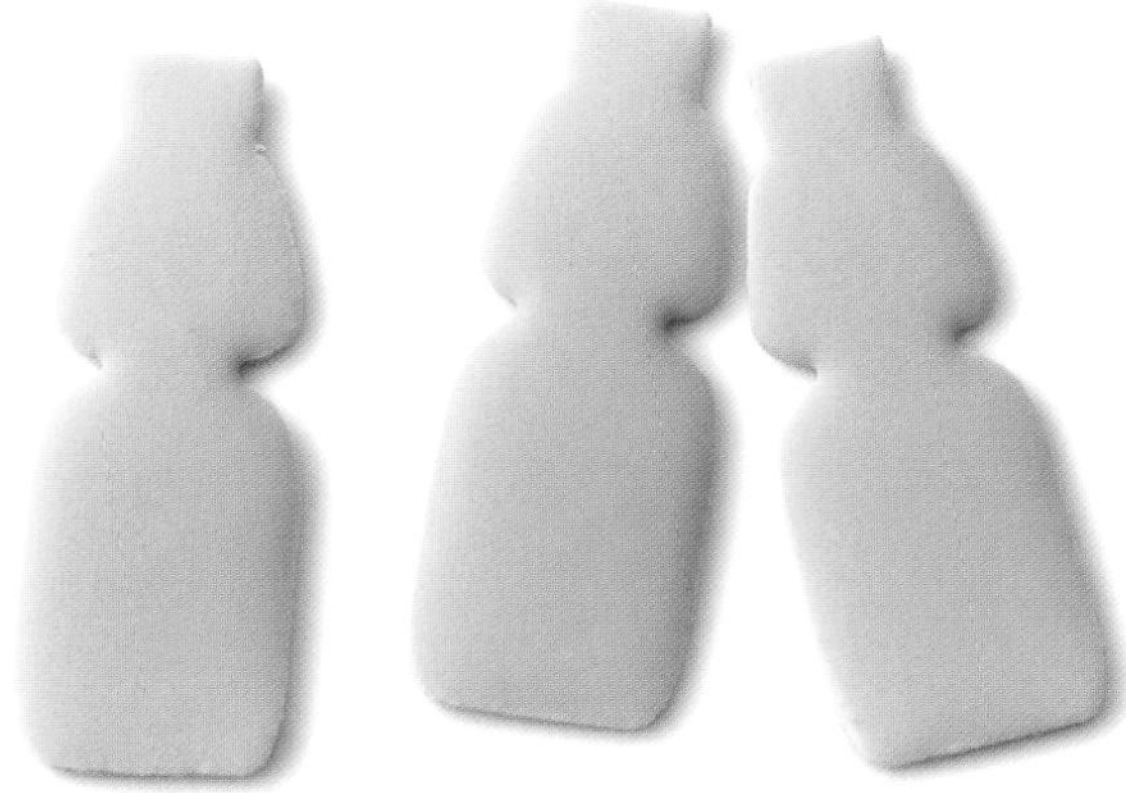

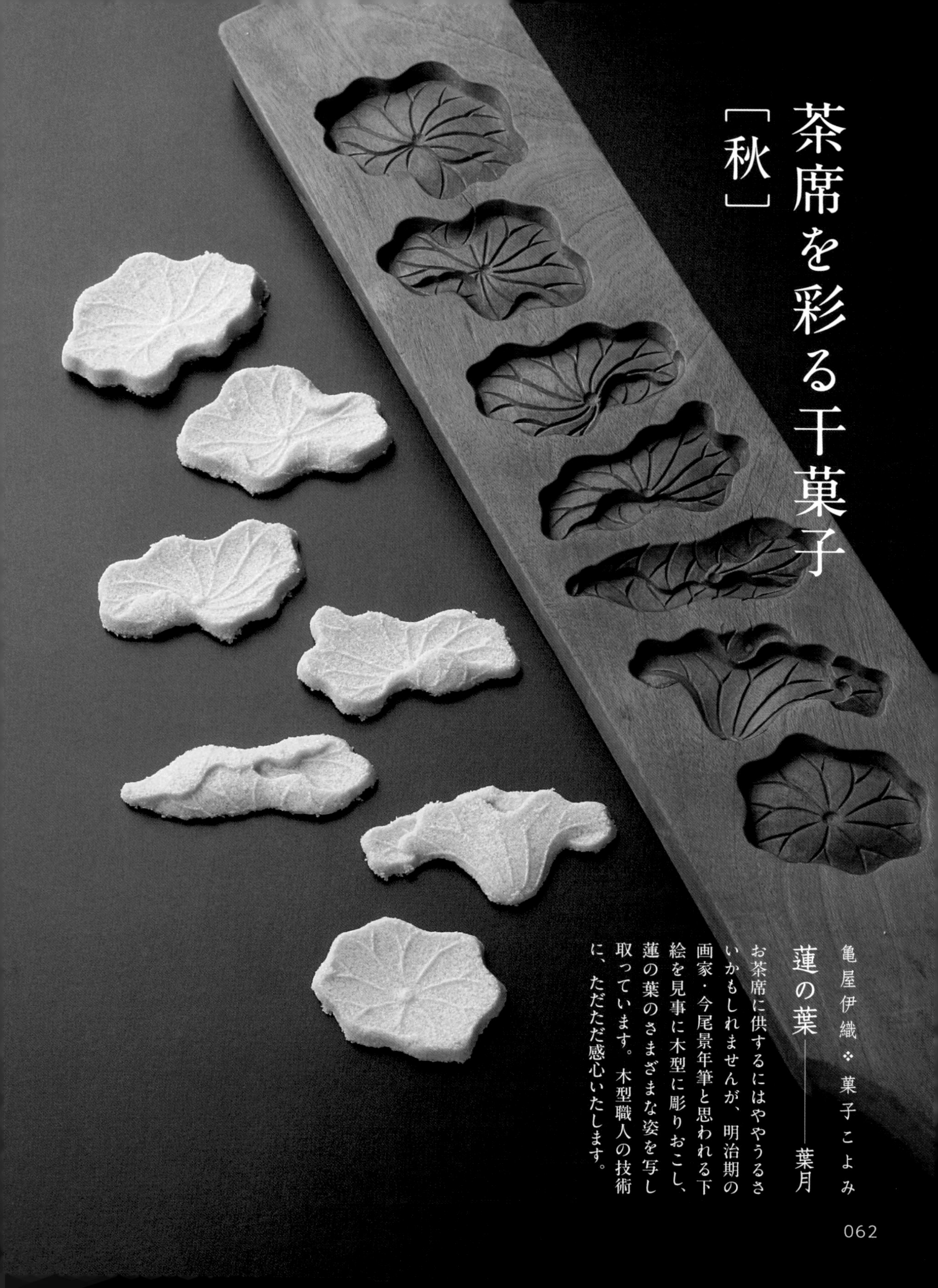

茶席を彩る干菓子［秋］

亀屋伊織 ❖ 菓子こよみ

蓮の葉——葉月

お茶席に供するにはややうるさいかもしれませんが、明治期の画家・今尾景年筆と思われる下絵を見事に木型に彫りおこし、蓮の葉のさまざまな姿を写し取っています。木型職人の技術に、ただただ感心いたします。

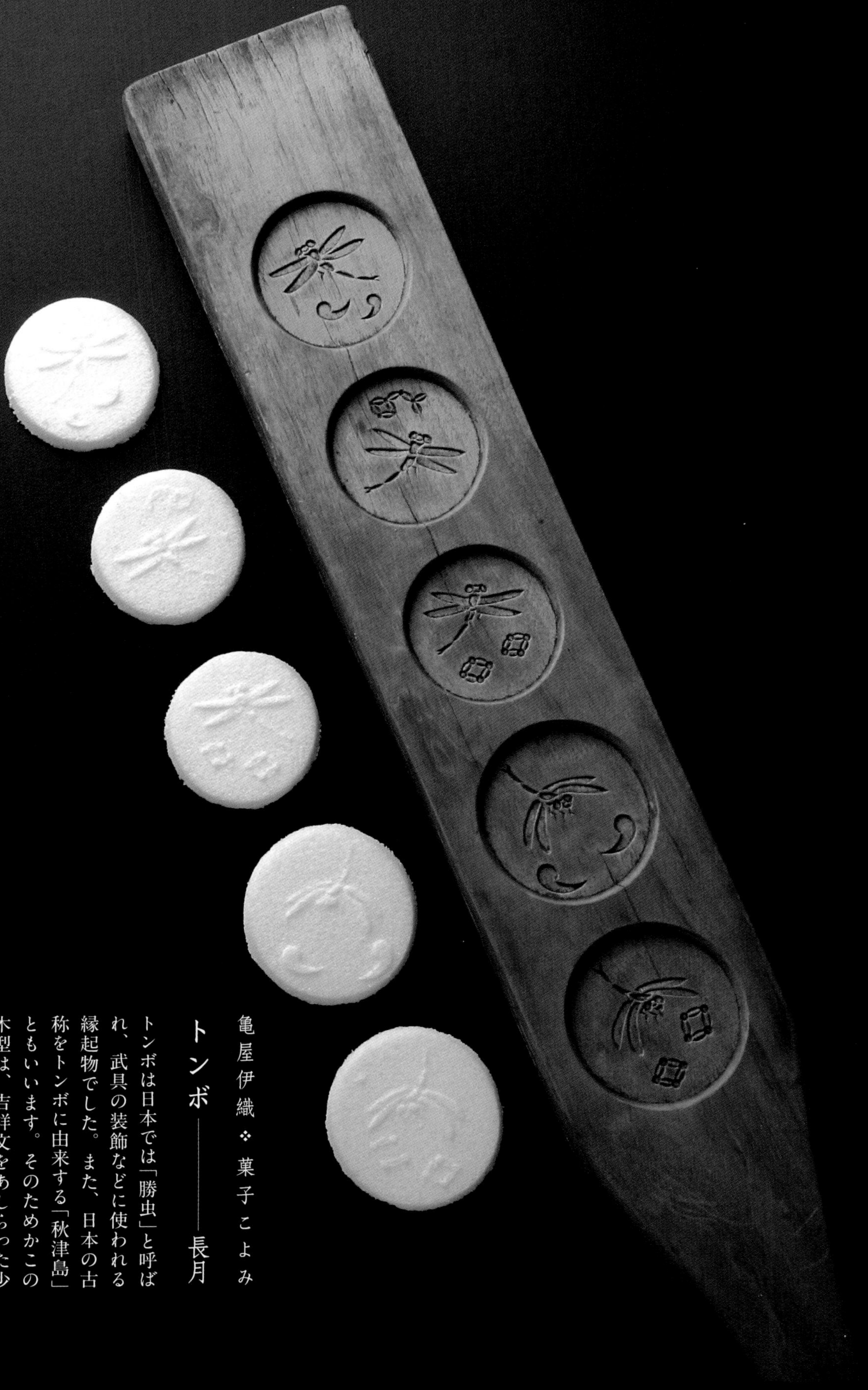

トンボ――長月

トンボは日本では「勝虫」と呼ばれ、武具の装飾などに使われる縁起物でした。また、日本の古称をトンボに由来する「秋津島」ともいいます。そのためかこの木型は、吉祥文をあしらった少し風変わりな意匠をしています。

亀屋伊織 ❖ 菓子こよみ

俵——神無月

秋は収穫の季節ということで栗や俵の押物をつくりますが、特にこの俵の型はほかにも、例えば米寿のお祝いに、また子歳の干支菓子にも用い、季節を問いません。菓銘を「福俵」とされる方もございます。

江出の月《えでのつき》　志乃原《しのはら》

140頁

取寄可　要予約

通年

富山湾のさざ波に漂うがごとく照り映える、美しい満月を表現。安政年間に3代目・増山三郎平が考案。自家製の白味噌餡がほんのりと風味を添える。

月あかり《つきあかり》　本松葉屋《ほんまつばや》

143頁

取寄可　要予約

通年

新鮮な卵の黄味と、上質の寒天に香り豊かな柚子を練り込んだ、風味豊かな干菓子。夜をやさしく照らす月あかりを表現。

月《つき》　亀屋良永《かめやよしなが》

取寄可　要予約　通年

観月の名所・桂離宮の襖の引手「月」を模した、雅やかな菓子。和三盆を使用した真っ白な落雁生地にこし餡が入る。

139頁

月の雫《つきのしずく》　松林軒《しょうりんけん》

取寄可　要予約　9月下旬～3月中旬（年によって変動）

勝沼産の甲州ぶどうに、ザラメを溶かして練り上げた白い蜜を一粒ずつまとわせた美しい山梨銘菓。純白の衣とみずみずしい果汁の食感が楽しい。

141頁

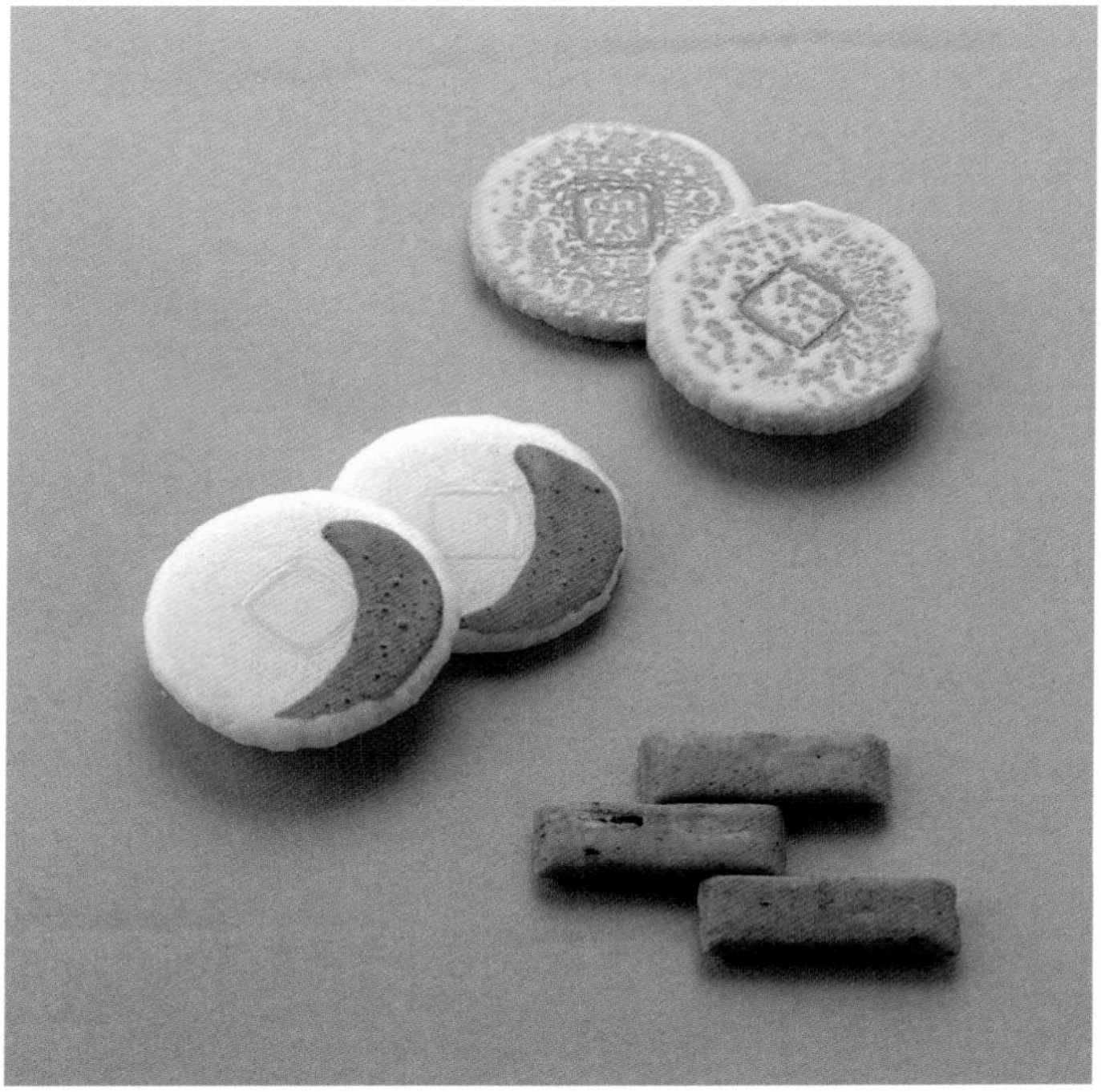

余情残心《よじょうざんしん》

式亭《しきてい》（株式会社ミリエーム《かぶしきがいしゃみりえーむ》）

140頁

取寄可　要予約　通年

しっとりとした有平糖と、月の意匠をほどこした麩焼煎餅の詰め合わせ。ほのかに広がる大徳寺納豆の香りに心ひかれる逸品。

はつかり《はつかり》

松華堂《しょうかどう》

140頁

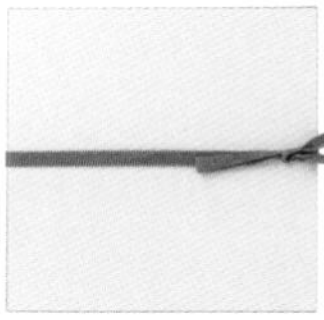

取寄可　要予約　通年

月と雁をイメージした2種の古い紋様を木型に彫り、和三盆糖で打ち出した落雁。

つみ小菊《つみこぎく》　本家菊屋《ほんけきくや》

取寄可　要予約　通年

5色の彩り美しい「つみ小菊」。花弁の一枚一枚が細やかで見とれてしまう。和三盆とともに吉野本葛を使用。

143頁

菊寿糖《きくじゅとう》　鍵善良房《かぎぜんよしふさ》

取寄可　要予約　通年

菊の露を飲んで不老不死になったという侍童の故事「菊慈童」にちなむ落雁。

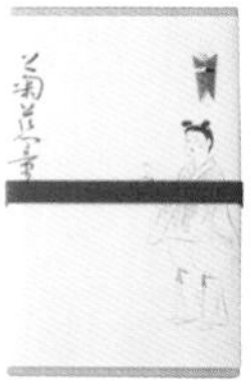

138頁

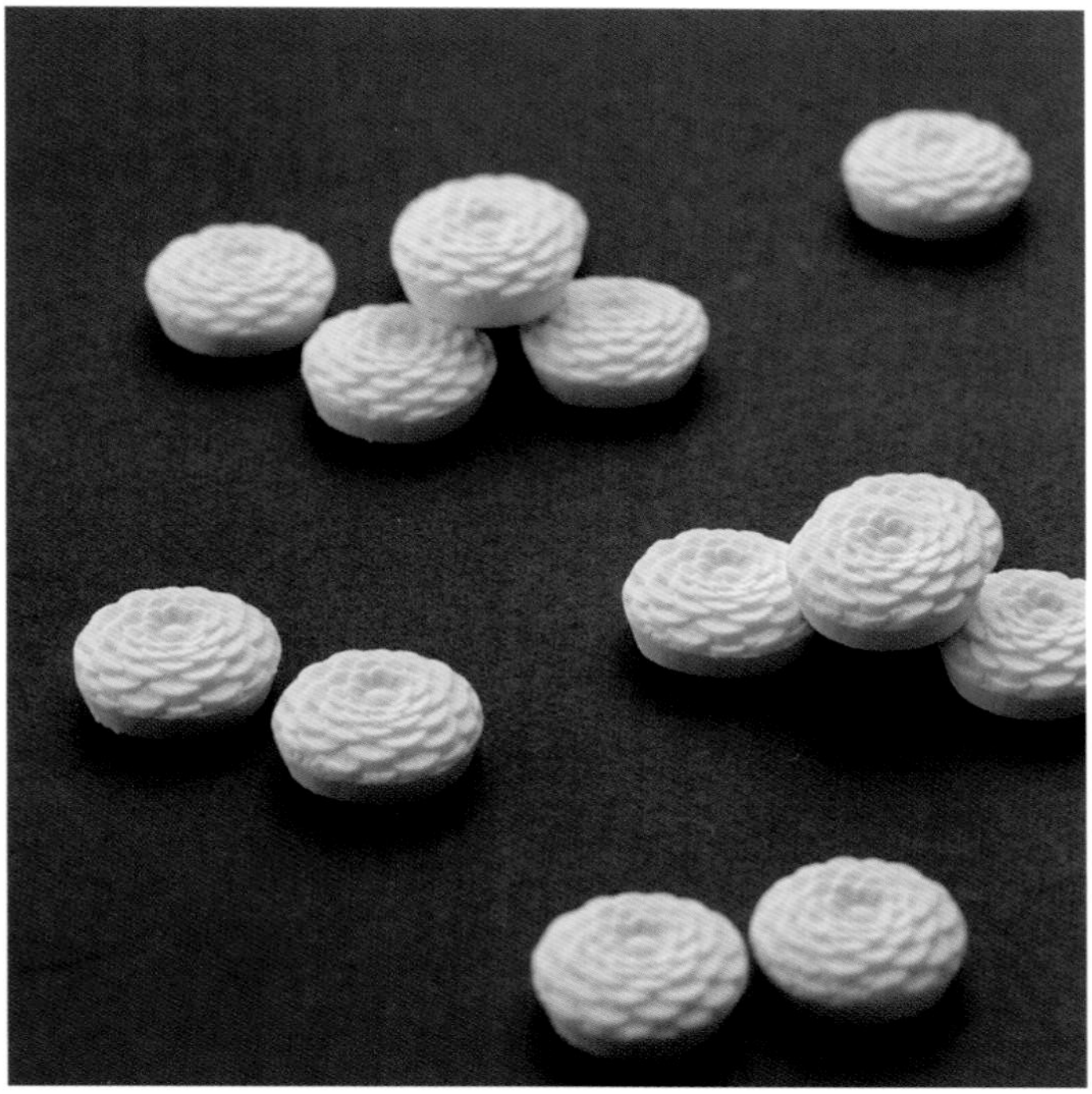

菊の香《きくのか》　松屋本店《まつやほんてん》

取寄可　要予約

通年

吉野本葛に和三盆糖を用いて作った。5色の彩りが美しい菊花形の押菓子。

143頁

秋色七草《あきいろななくさ》　赤坂柿山《あかさかかきやま》

取寄可　要予約

8月～9月頃

新鮮な卵をふんだんに使った玉子煎餅に、丁寧に秋の七草を一枚一枚手刷りで描いている。ほんのりと優しい甘みが口に残る。春限定の春の花々を表した商品も。数量限定での生産。

138頁

秋

松韻《しょういん》　松月堂《しょうげつどう》

取寄可　要予約　通年

栗菓子で有名な同舗ならではの和三盆糖で栗を模った落雁。お茶との調和が味わい深い。

141頁

子持ち栗《こもちぐり》　麻布青野総本舗《あざぶあおのそうほんぽ》

取寄可　要予約　通年

丹精込めた栗餡に、刻み栗を入れた栗寄せ。表面は硬めながら、中はソフトな食感。

138頁

栗こごり《くりこごり》　すや《すや》

取寄可　要予約　通年

寒天と砂糖を煮詰めた中に細かく刻んだ栗を入れて固めた、黄金色に輝く琥珀のような干菓子。大理石を思わせる断面が美しい。

141頁

古代山川《こだいやまかわ》　風流堂《ふうりゅうどう》

取寄可　要予約　通年

松平不昧命名の「山川」のいにしえの姿と風味を求めて和三盆を使用。奥深い香りが口の中に広がる。通常の「山川」も販売している。

142頁

秋

山川《やまかわ》

彩雲堂《さいうんどう》

取寄可　要予約

通年

「散るは浮き散らぬは沈むもみじ葉の影は高雄の山川の水」の古歌より松平不味公が命銘した銘菓。ほどよい塩味が美味しい。

140頁

米百俵《こめひゃっぴょう》

瑞花《ずいか》

取寄可　要予約

通年

幕末の混乱期、「米百俵」を元手に学校を建て、長岡藩の人材を育てた藩士・小林虎三郎の英断にまつわる菓子。実りの季節にふさわしい。

141頁

のし柿　つちや

のしがき　つちや

取寄可　要予約　通年

古来、極上品として受け継がれてきた「堂上蜂屋柿《どうじょうはちやがき》」を羊羹とともに練り上げた菓子。どっしりと濃い柿の味が楽しめる。

141頁

柿球肥　園田屋

かきぎゅうひ　そのだや

取寄可　要予約　通年

干柿の香りがしっかりと楽しめる、求肥状の菓子。一子相伝で作られる名物「元祖朝鮮飴」に工夫を凝らし、明治時代に創作された。

141頁

秋

菜々菓

さいさいか　すずかけ

鈴懸

141頁

取寄可　要予約

11月から4月中旬

季節折々の新鮮な野菜を風味はそのままに和三盆糖で蜜煮した、野菜の色冴えが良い見た目も可愛らしい糖菓。時期により柚子、蓮根、人参、さつま芋、牛蒡、生姜などより3種ほどが並ぶ。

胡桃律／橙糖珠

こうとうりつ／だいとうじゅ　おいまつ

老松

138頁

取寄可　要予約

胡桃律／通年

橙糖珠／春頃～なくなり次第終了

丁寧にローストした長野県産の胡桃《くるみ》と、蜜漬けした和歌山県産の金柑に、すり蜜をあしらった。懐石の八寸で山のものとして使っても。

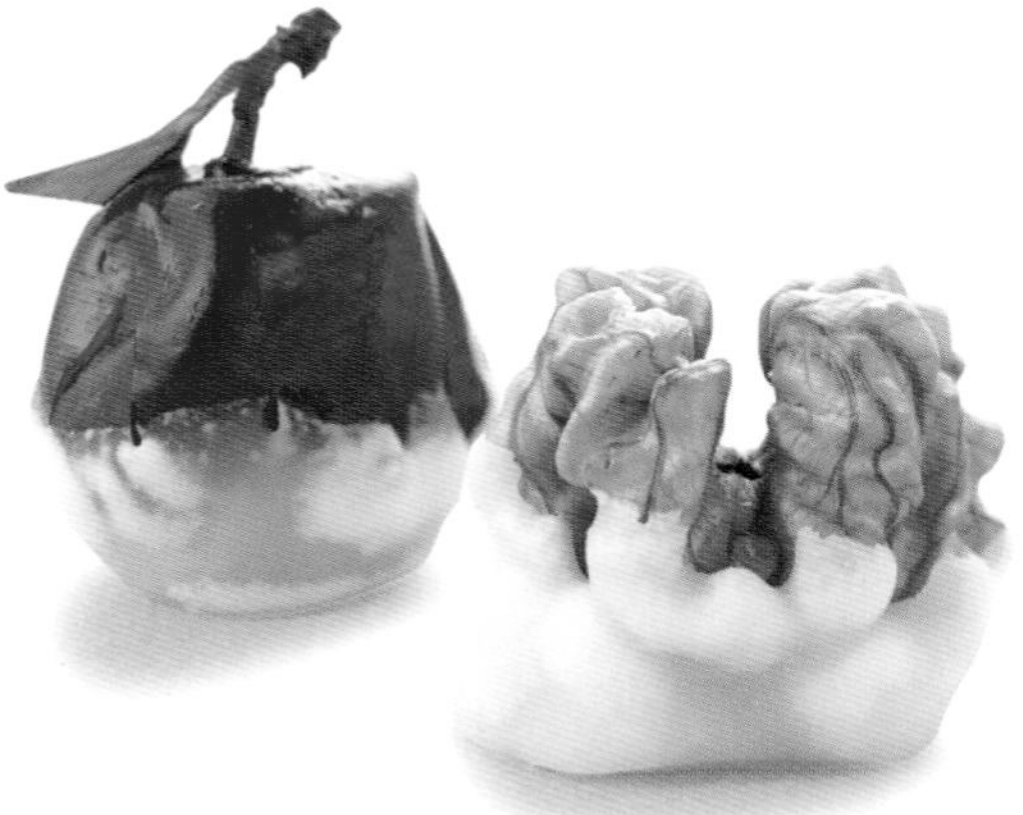

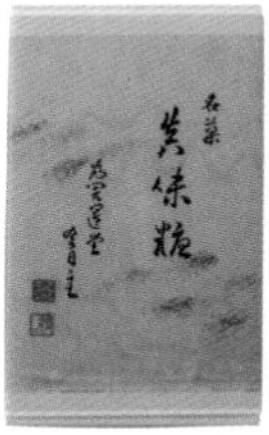

真味糖《しんみとう》 開運堂《かいうんどう》

138頁

取寄可 要予約

通年

裏千家14代淡々斎宗匠が命銘した、信州を代表する銘菓。鬼胡桃と蜂蜜の風味豊かな和風ヌガー。黒砂糖を用いた「真味糖大島」もおすすめ。

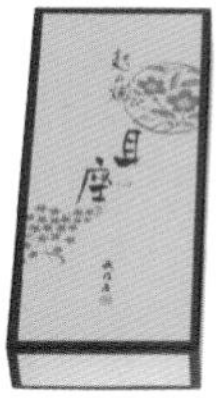

麩の焼《ふのやき》 且座《しゃざ》 長門屋《ながとや》

142頁

取寄可 要予約

通年

ほのかに香る味噌が後をひく、麩焼煎餅。会津特産の鬼胡桃を石に、刷毛塗りしたすり蜜を庭に見立てた意匠。

香木実《かぐのきのみ》　長門屋《ながとや》

取寄可　要予約　通年

会津産・無添加の鬼胡桃を餡で包み、きめ細やかな黒糖をまぶした一口菓子。独特な黒糖の風味とほろ苦い鬼胡桃が味をひきたてあっている。

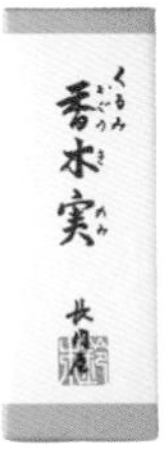

142頁

老松《おいまつ》　鍵善良房《かぎぜんよしふさ》

取寄可　要予約　通年

松ぼっくりを模った緑と白の2色の阿波和三盆に、大島黒糖が彩りを添えている。おだやかな口溶けと黒糖の香りを楽しみたい。

138頁

松林《しょうりん》 にむらや《にむらや》

取寄可　要予約　通年

松ぼっくりに見立てた黒糖菓子。素朴な甘みが口の中にひろがる。

142頁

季節の薄氷《きせつのうすごおり》 甃のうえ《いしだたみのうえ》 五郎丸屋《ごろうまるや》

取寄可　要予約　11月

銘菓「薄氷」の秋季限定品。紅葉や銀杏で粧われた甃を、バターコーヒー味と黒胡麻味で表現。晩秋に相応しい。

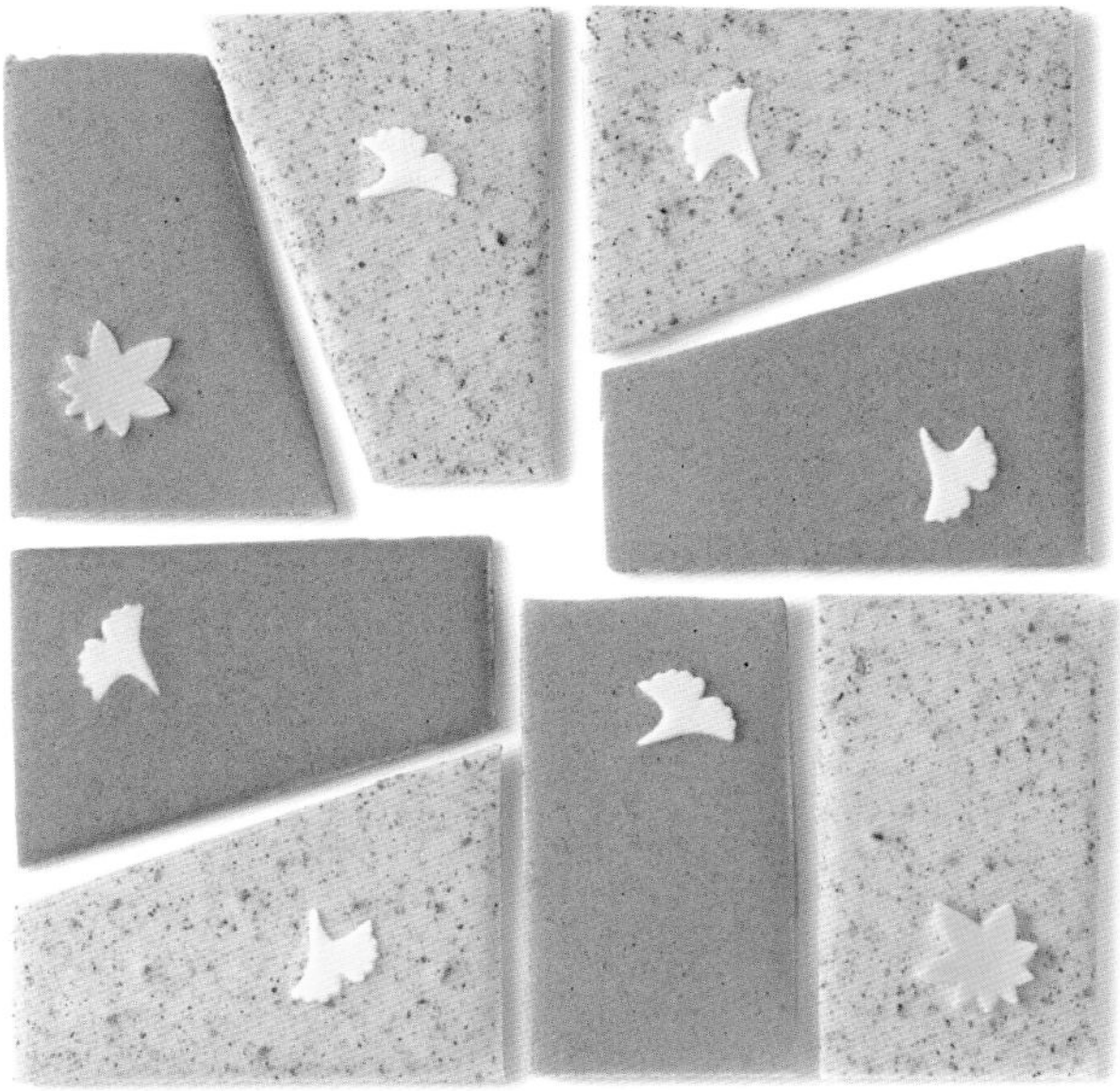

140頁

茶席を彩る干菓子［冬］

亀屋伊織 ❖ 菓子こよみ

松笠——霜月

小豆の粉（あん粉）で押す押物で、こげ茶色の地味なお菓子ですが、晩秋の侘びた風情に合い、「吹寄せ」の中に入れても名脇役といった存在です。細かく彫られた松笠の鱗模様が美しい型です。

雪輪――――師走

この雪の結晶の図案は、着物の柄や、またさまざまな茶道具の中にも取り入れられ、最も一般的な冬の意匠です。雪は豊作の瑞兆ともいい、吉祥文でもあります。雪の浄らかさにまた巡り来る春を思います。

亀屋伊織 ❖ 菓子こよみ

唐松——睦月

「落葉松」とも書く松の一種ですが、昔よりこのような意匠で棗や菓子器などに蒔絵されてきました。この木型はそうした意匠を写したもので、普通は緑に押し、紅白の千代結との取り合わせが、初釜に華やぎを添えます。

初なすび《はつなすび》　大松屋本家《おおまつやほんけ》

138頁

古来、茄子は福神縁起、大変にめでたい食べ物として称えられてきた。砂糖漬けにした小茄子はフルーツのような甘味を口いっぱいに広げてくれる。

取寄可　要予約

11月中旬〜5月頃まで

初霜《はつしも》　甲子堂《こうしどう》

139頁

四角く切り出された氷餅に、砂糖蜜をあんかけするようにして衣がけした砂糖菓子。表面がパリッと割れた瞬間の食感は正に霜の上を歩いているよう。

取寄可　要予約

通年

冬

炉ばた《ろばた》　かおる堂《かおるどう》

取寄可　要予約　通年

138頁

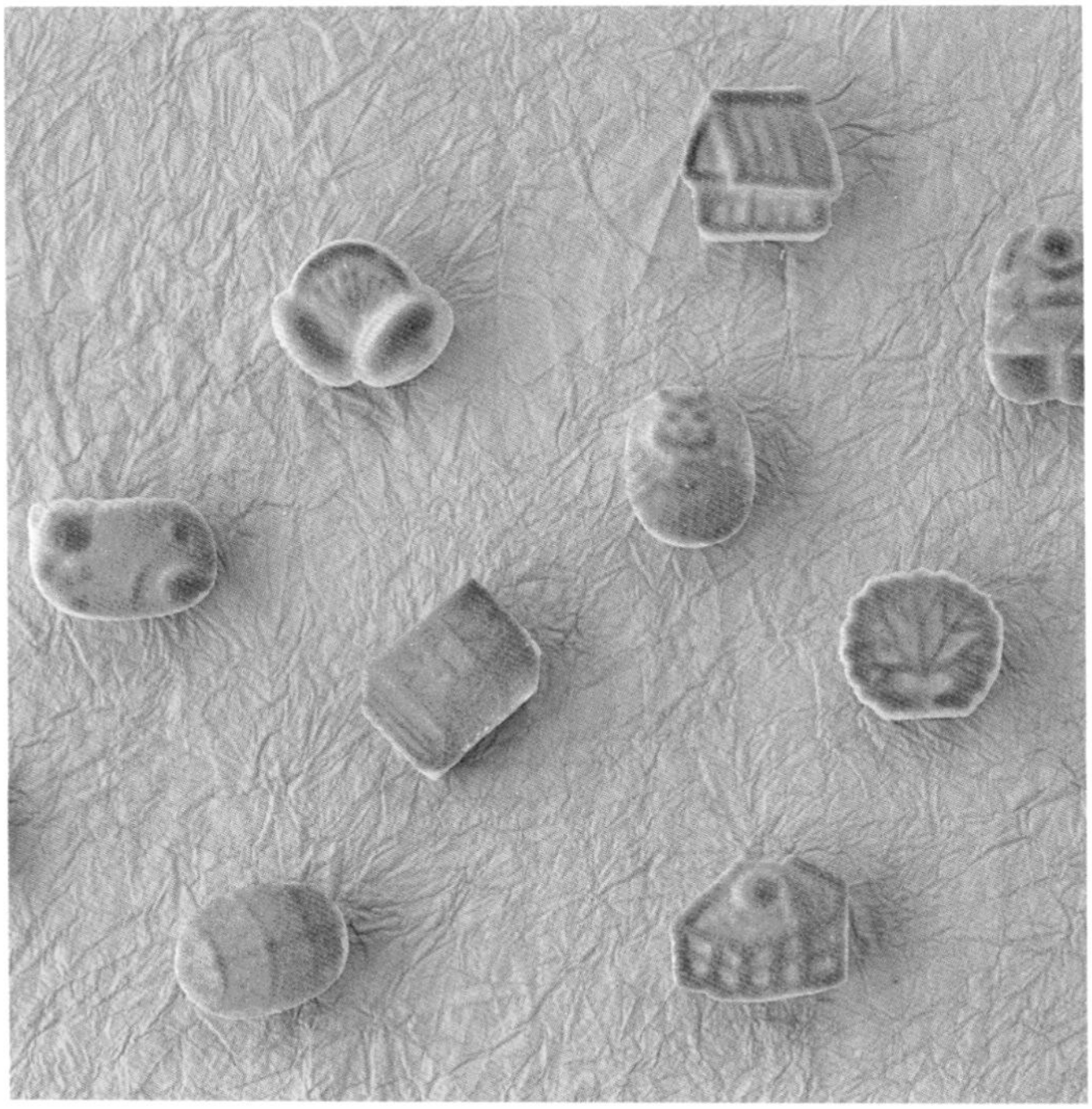

小豆粉と徳島県産の和三盆糖が主原料。一粒一粒に秋田の風物詩が模られ、包みを解くたびにあらわれる可愛らしい形に思わず微笑みがこぼれる。図案は秋田を代表する版画家・勝平得之の作。

霜ばしら《しもばしら》　九重本舗玉澤《ここのえほんぽたまさわ》

取寄可　要予約　10月〜4月

140頁

サクッとした食感は、冬の早朝に出会う霜柱を想わせる。口のなかに入れるとすぐに溶けていき、はじめてこのお菓子が飴であることに気付く。冬だけに逢えるやさしい口溶け。

雪まろげ《ゆきまろげ》　塩芳軒《しおよしけん》

取寄可　要予約　通年

まん丸の形が可愛らしい純和三盆製の干菓子が、いっそう可愛らしく箱の中に並んでいる。上品な味わいの和三盆が、まるで雪のように口の中でやさしく広がる。

140頁

越乃雪《こしのゆき》　越乃雪本舗　大和屋《こしのゆきほんぽ　やまとや》

取寄可　要予約　通年

口の中に入れた瞬間にホロッと溶ける、まさに雪そのものの菓子。越後の上質なもち米の寒ざらしに四国の和三盆糖を配合した押物。美しい越後の山々に降る雪を思わせる。

140頁

雪花糖《せっかとう》

行松旭松堂《ゆきまつきょくしょうどう》

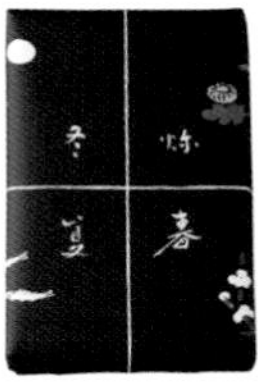

143頁

取寄可　要予約

通年

裏千家14代淡々斎宗匠のお好み。胡桃に和三盆糖と寒梅粉の淡い衣をまとわせた干菓子。雪の上を転がる胡桃を表現。上質の和三盆と胡桃の相性は抜群。

岡の雪《おかのゆき》

但馬屋老舗《たじまやろうほ》

141頁

取寄可　要予約

通年

南国の雪のように、口に含むとすぐに淡く溶けてゆく。凍えるような冬の寒さではなく、どこか涼しげな、優しい雪を感じさせてくれる干菓子。

うすゆき　分隣堂

うすゆき　ぶんりんどう

取寄可　要予約
通年

142頁

雪の結晶を思わせる六角形の中に松竹梅の模様を写した落雁。和三盆糖の香りが抹茶の美味しさを引き立てる。和紙の美しい箱にもこだわりを感じる。

ささめゆき／ゆきごろも　松琴堂

ささめゆき／ゆきごろも　しょうきんどう

ささめゆき　取寄可　要予約　通年

ゆきごろも　取寄可　要予約　通年

141頁

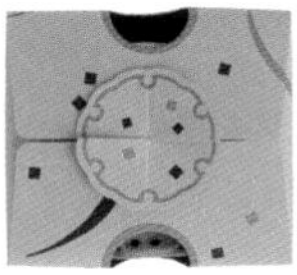

「ささめゆき」は雪玉を思わせるような白い砂糖菓子。「ゆきごろも」は薄焼きのカステラで、同店の看板商品「阿わ雪」を巻き、胡麻入りの砂糖でコーティングした半生菓子。

晒よし飴《さらしよしあめ》

九重本舗玉澤《ここのえほんぽたまさわ》

140頁

取寄可　要予約　10〜4月まで

真珠を思わせる鮮やかな光沢の飴を口に含み、軽やかに舞う軽妙な舌触りを楽しんでいると、いつの間にか溶けていってしまう。全量手作りで、熟練した飴職人しか作れない繊細さ。

霰糖《あられとう》

ばいこう堂《ばいこうどう》

142頁

取寄可　要予約　通年

冬の空から降る霰の繊細さをお菓子に託した銘菓。和三盆独特の風味とまろやかな口溶け、そして高雅な味わいを堪能したい。

霜日和　松月堂

しもびより　しょうげつどう

取寄可　要予約　通年

栗餡に和三盆糖で化粧を施し、一昼夜丁寧に乾燥させた。口溶けが良く、上品な甘さの和三盆と、栗餡の素朴な甘さが調和する。

141頁

新潟雪だるま　越乃雪本舗　大和屋

にいがたゆきだるま　こしのゆきほんぽ やまとや

取寄可　要予約　9月下旬～2月下旬

雪だるまを模ったレモン風味の淡雪でできた干菓子。

140頁

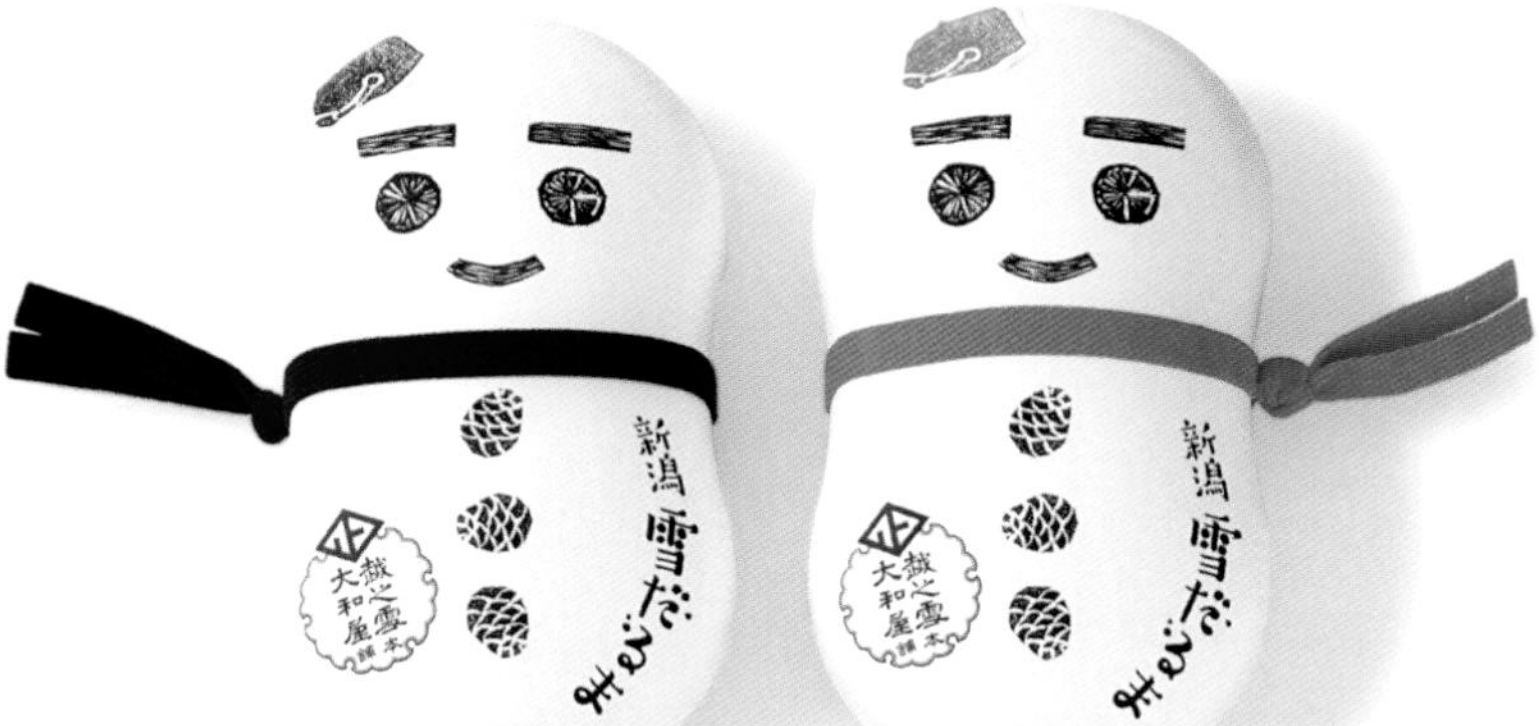

冬

愛香菓《あいこうか》　浦田甘陽堂《うらたかんようどう》

138頁

取寄可　要予約　通年

城下町の美しい雪化粧のように可憐で素朴な佇まい。口に入れた瞬間にふわっとひろがる奥ゆかしい味わいは金沢の雪解けを想像させる。

とこよ《とこよ》　宗家《そうけ》　源《みなもと》　吉兆庵《きっちょうあん》

141頁

取寄可　要予約　通年

一つひとつ丹念に柚子の皮をむき、時間をかけて全体にまんべんなく糖蜜をしっとりと染みこませた菓子。柚子皮のほろ苦い風味が心地良い。

季節の薄氷 森のクリスマス

五郎丸屋

きせつのうすごおり　もりのくりすます　ごろうまるや

140頁

取寄可　要予約　12月

銘菓「薄氷」の冬季限定品。2種類の緑と白い三角で、冬の森のクリスマスを表現。抹茶と和三盆の2種類の味。

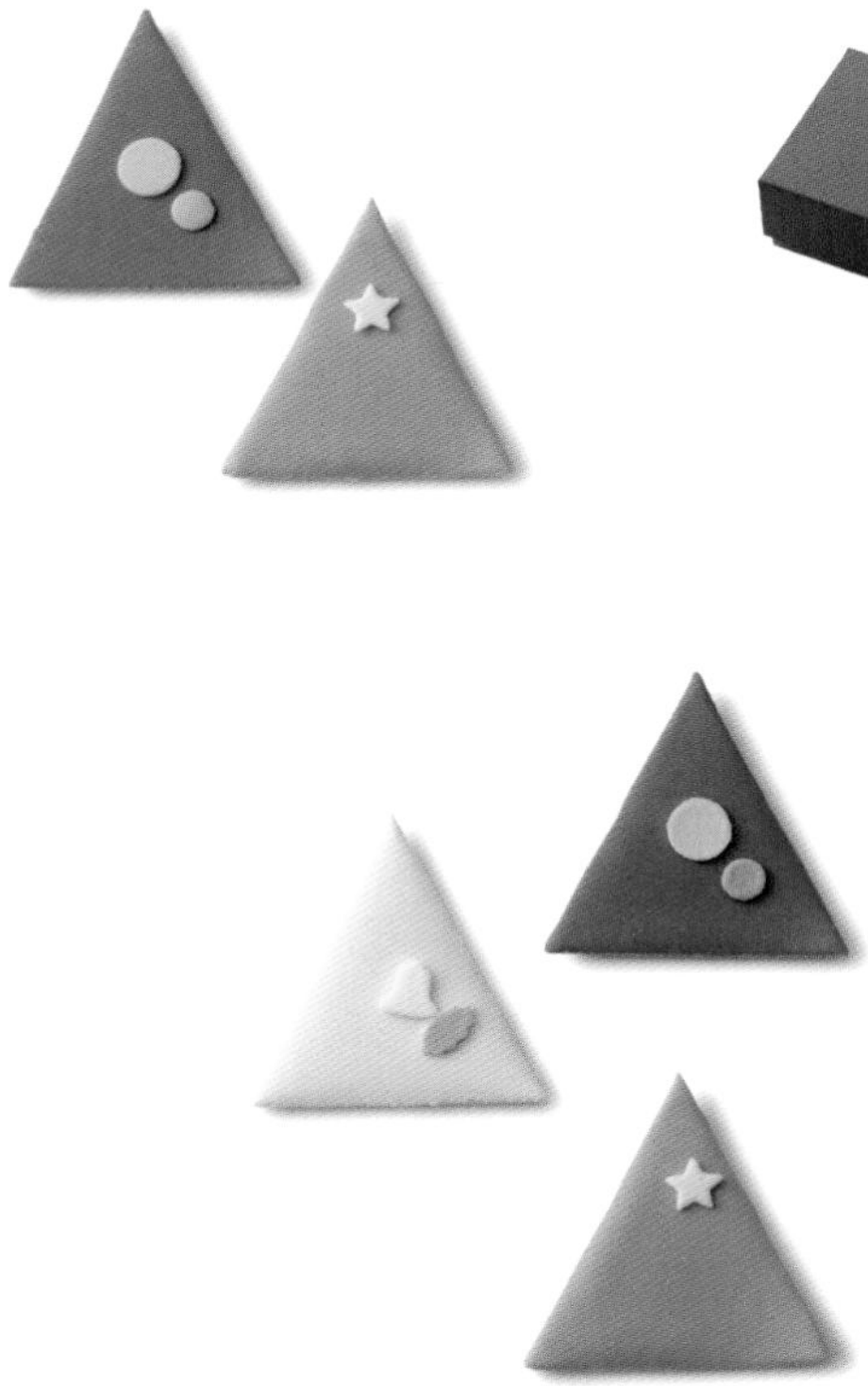

蓮三盆

和庵 鳳月坊

はすさんぼん　なごみあん　ほうげつぼう

142頁

取寄可　要予約　通年

和三盆糖に蓮根粉を練りこみ、蓮根の輪切りを模った和三盆使用の干菓子。蓮根は「先を見通す」に通じ、めでたい食材とされている。

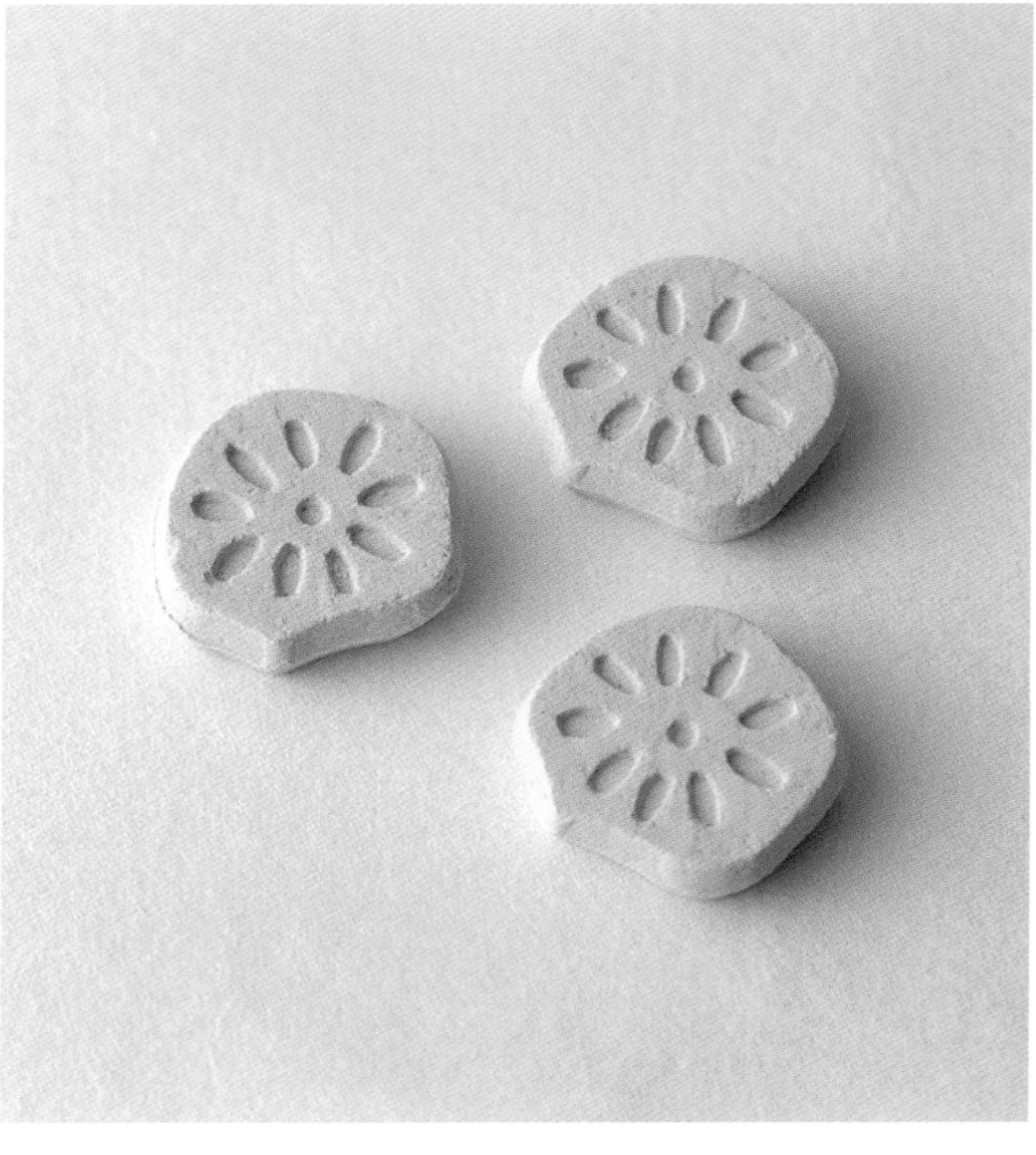

茶席を彩る干菓子
季しらず

伝統意匠吉祥尽くし《でんとういしょうきっしょうづくし》　象東《ぞうとう》

141頁

取寄可　要予約
通年

香川県産和三盆を使用した「御《お》陽《ひ》菓《が》詞《し》」。伝統意匠10種の詰め合わせ。

推古 とらや

すいこ　とらや

取寄可　要予約　通年

推古天皇の時代（7世紀初頭）に建立された法隆寺金堂の高欄《こうらん》に見られる卍《まんじ》くずしの模様を模った和三盆糖。

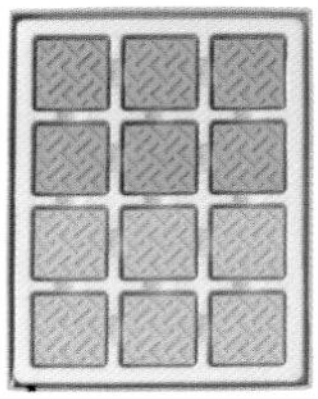

142頁

いつもじ 吉金菓子舗

いつもじ　よしきんかしほ

取寄可　要予約　通年

もち米を薄く焼き、間にはさんだ柚子砂糖の甘みが優しい上品な味。久留米《くるめ》水天宮の御守札の五つの梵字が淡い色あいでデザインされている。

143頁

季しらず

長生殿

ちょうせいでん　かがはんごようかしつかさ　もりはち

加賀藩御用菓子司　森八

138頁

取寄可　要予約　通年

「日本三名菓の随一」と称される落雁菓子。唐代の「長恨歌《ちょうごんか》」の一節を引用し大名茶人の小堀遠州が命銘、揮毫《きごう》により生まれた。三百数十年にわたり変わらぬ製法で作られるその味は、加賀の菓子文化の結晶。

瑞雲

ずいうん　きさらぎ

きさらぎ

139頁

取寄可　要予約　通年

めでたいことの前兆として現れる祥瑞の雲「瑞雲」。良質のもち米と香川県産の醤油でかるく仕上げた麩焼煎餅。表面にたっぷりと和三盆糖をひいて讃岐《さぬき》富士にかかる雲を表現。

山宝果

さんぽうか

美濃忠

みのちゅう

143頁

取寄可　要予約

通年

古来、不老長寿の仙菓といわれている胡桃餡の表面を、和三盆糖で包んだ。胡桃の独特な味わいとその食感、手頃な大きさが嬉しい。

花面

はなおもて

長久堂

ちょうきゅうどう

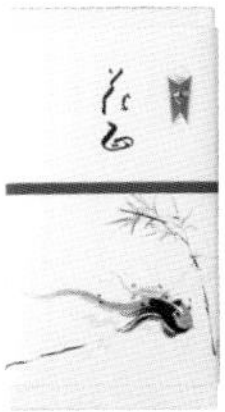

141頁

取寄可　要予約

通年

能面師の手による木型が、面の豊かな表情とともに幽玄の美を伝える。翁・乙《おと》御《ご》前《ぜ》・小面《こおもて》・福の神・嘯吹《うそふき》はそれぞれ大豆・空豆・和三盆・抹茶・玄米の味に仕上げられている。

季しらず

りん　鈴懸《すずかけ》

りん　すずかけ

141頁

取寄可　要予約　通年

口溶けの良い和三盆糖で作った鈴の形が愛らしい干菓子。慶賀のモチーフとしても取り合わせたい。

友志良賀　高林堂

ともしらが　こうりんどう

140頁

取寄可　要予約　通年

「夫婦がともに白髪の生えるまで」という意味の「友志良賀」。栃木の名産である干瓢を丁寧に煮つけて砂糖をまぶしている。

唐板《からいた》　水田玉雲堂《みずたぎょくうんどう》

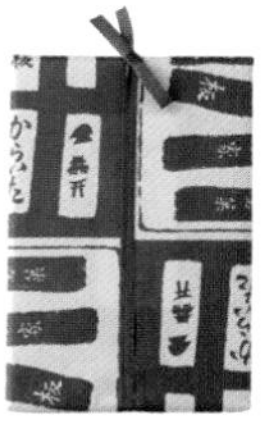

取寄可　要予約　通年

143頁

貞観5年（863）、清和天皇による疫病除け祈願の御霊会のために作られた。応仁の乱後、廃されていたが、古書を頼りに再興。以来、500年以上にわたり、ほのかな甘みが愛されてきた。

真盛豆《しんせいまめ》　金谷正廣《かなやまさひろ》

取寄可　要予約　通年

138頁

天台宗真盛派の開祖・真盛上人が作り、伝えられたとされる。煎った丹波黒豆に大豆粉を重ね、青海苔で仕上げた風情ある味。

季しらず

源氏窓

げんじまど

亀屋廣房

かめやひろふさ

139頁

取寄可　要予約

通年

紫式部が『源氏物語』の構想を練り、書きはじめたとされる滋賀県大津市の石山寺。同寺の「源氏の間」の窓をイメージした干菓子で、和三盆と葛をあわせた打菓子。サイズは大小2種ある。

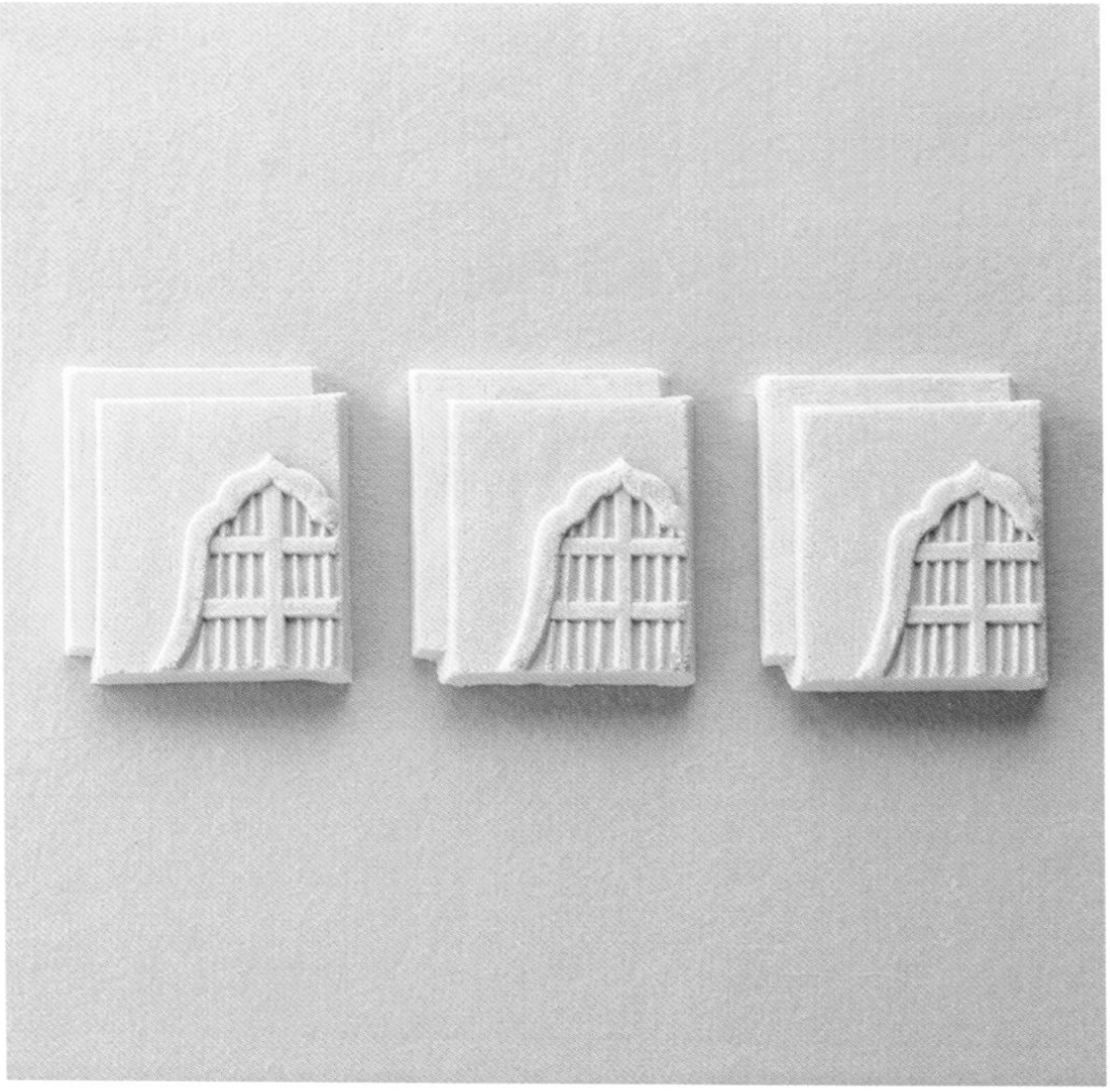

源氏物語

げんじものがたり

鶴屋八幡

つるやはちまん

141頁

取寄可　要予約

通年

和三盆糖と吉野葛を用いた打菓子。源氏香の香合わせのデザインが、見る者を古人の優雅な遊びへと誘う。箱の題字を谷崎潤一郎、栞《しおり》の詠題を吉井勇がそれぞれ手がけた。

君ころも　栄太楼

きもころも　えいたろう

取寄可　要予約　通年

寒天と和三盆に卵白を混ぜ、越前特産のもみわかめを加えて固めた淡雪羹を乾かした干菓子。カリッとした歯触りと、口の中で溶ける食感が越前和紙の繊細さを表現。

138頁

鶏合せ　文左

とりあわせ　ぶんざ

取寄可　要予約　通年

『平家物語』の紅白闘鶏の故事を再現した郷土玩具の鶏合せを模した落雁。

142頁

季しらず

憶昔　亀屋陸奥

いくじゃく　かめやむつ

139頁

取寄可　要予約

通年

西本願寺境内にある茶室「憶昔」に由来する。和三盆糖、浜納豆（豆みそ）、肉《にっ》桂《けい》の素朴な味わいと、しっとりとやわらかな食感が、簡素でありながら重厚な趣を醸し出している。

利休古印　丸市菓子舗

りきゅうこいん　まるいちかしほ

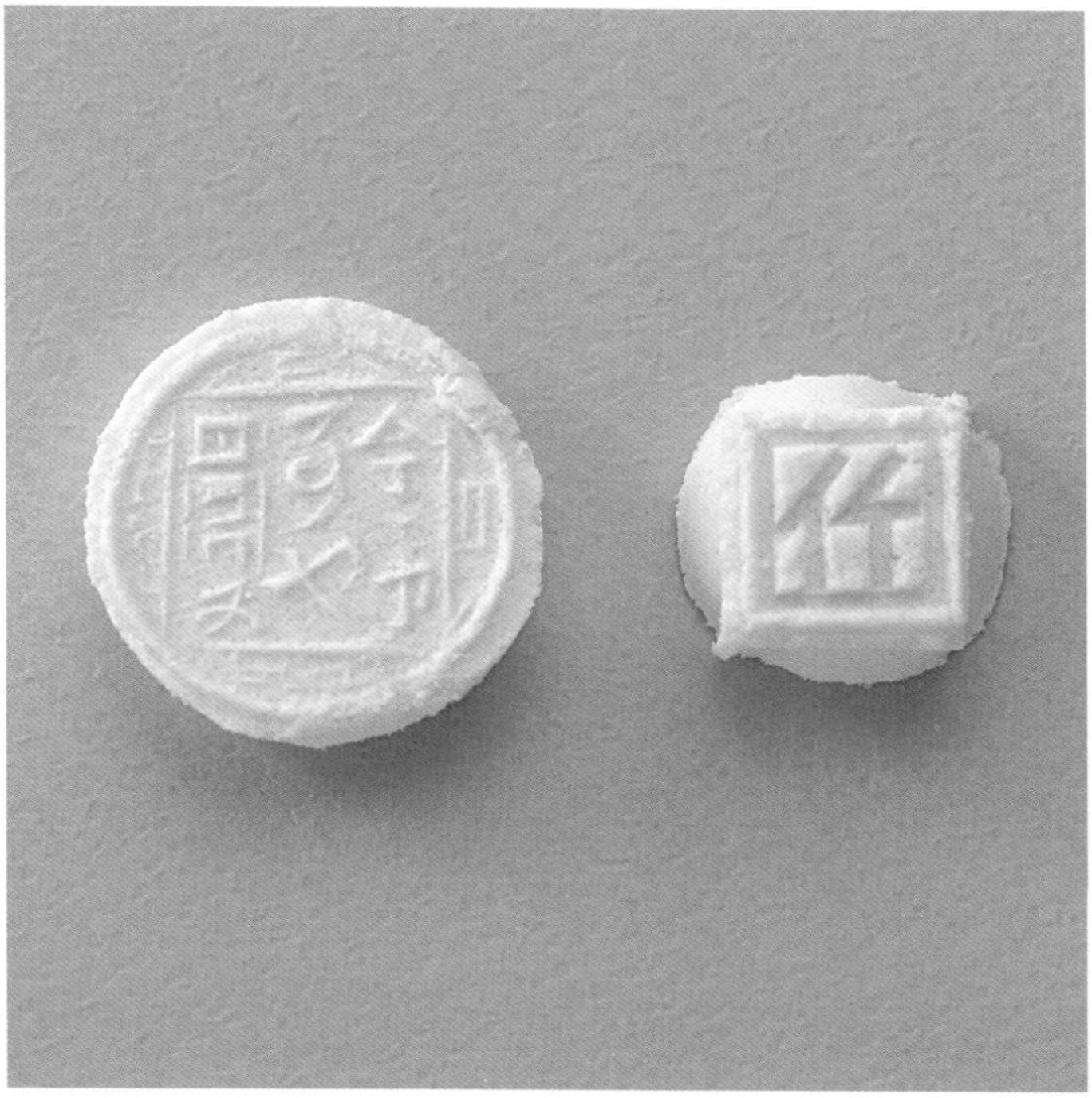

143頁

取寄可　要予約

通年

千利休ゆかりの地・堺で作られる、利休愛用の印を写した菓子。代々伝わる木型を用いて、一つずつ丁寧に型抜きして仕上げている。

印譜らくがん

いんぷらくがん　むとうきょうかえん

武藤杏花園

143頁

取寄可　要予約　通年

炭火で仕上げ、ほのかに立ち上る麦の香りが香ばしい。千利休らの印譜を模る。文人墨客の往来が多い飛驒《ひだ》高山ならではの菓子。

麟閣

りんかく　じょうがしつかさ あいづあおい

上菓子司 会津葵

140頁

取寄可　要予約　通年

千少庵が建てたと伝わる会津若松市の鶴ヶ城本丸内の茶室「麟閣」。麩焼煎餅に黒砂糖をひと刷け、片面に金箔を、もう片面に少庵揮毫の「少」の字の焼印。

季しらず

禅の心

ぜんのこころ　いせやほんてん

伊勢屋本店

取寄可　要予約　通年

138頁

選りすぐられた小豆の粒餡を、麦落雁で包み込んだもの。禅寺の茶庭によく見られる「吾唯知足」の蹲踞《つくばい》の形に仕上げた。

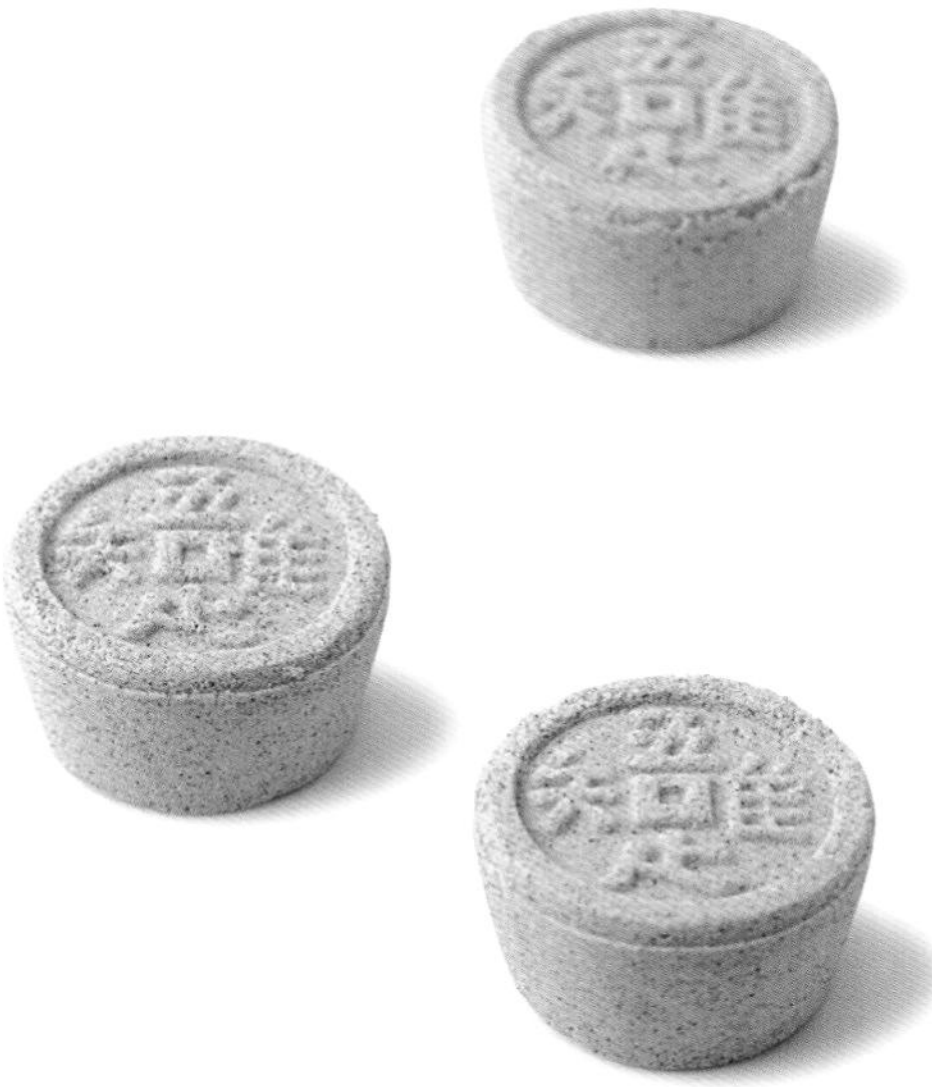

喫茶草子

きっさそうし　らくがんもろえや

落雁諸江屋

取寄可　要予約　通年

143頁

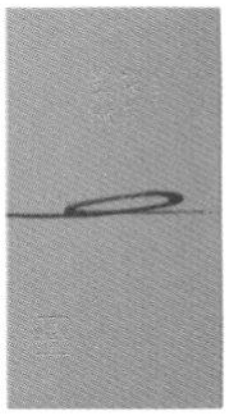

茶の湯が盛んな土地柄を表すように風炉釜や羽箒など10種類の茶道具をあしらった、豆粉と和三盆糖による栗風味（赤えんどう粉）の上品な落雁。

松風《まつかぜ》　正観寺丸宝《しょうかんじまるほう》

140頁

取寄可　要予約　通年

熊本県菊池市に伝わる伝統菓子「松風」は日本一薄い和菓子とも言われる。独特の技術で、薄く香ばしく焼き上げている。

古瓦《こがわら》　千代の舎　竹村《ちよのや　たけむら》

141頁

取寄可　要予約　通年

法隆寺や東大寺、興福寺など南都七大寺の古瓦を模る。奈良時代の昔を偲びながらいただく一服に、悠久の時を感じる。

季しらず

霰三盆《あられさんぼん》　小男鹿本舗冨士屋《さおしかほんぽふじや》

取寄可　要予約　通年

140頁

霰状の和三盆糖製の干菓子。阿讃山脈と吉野川沿岸の一部で生産されているさとうきびを原料に、安永年間から変わらぬ製法で作られている。上品な甘みと豊かな風味が特徴。

霰三盆糖《あられさんぼんとう》　三友堂《さんゆうどう》

取寄可　要予約　通年

140頁

讃岐の名産として知られる和三盆を霰状にし、一粒一粒、丁寧に和紙で包んだ。やわらかな甘みがさらりと溶ける。

絲印煎餅《いといんせんべい》

播田屋《はりたや》

取寄可　要予約　通年

142頁

「絲印」とは、室町時代以降、中国から輸入された生糸に添付された銅印のこと。鶏卵、砂糖、小麦粉を用いて薄く焼き上げた煎餅に、この絲印を焼き付けたもの。

みちのくせんべい《みちのくせんべい》

御菓子司《おかしつかさ》　賣茶翁《ばいさおう》

取寄可　要予約　通年

138頁

波照間《はてるま》産の黒糖蜜を職人が一枚一枚手塗りで薄く刷毛塗りした麩焼煎餅。ひと口かじると香ばしさとともに上品な甘味が広がり、ほろほろと繊細に口の中で溶けていく。

季しらず

御幸乃華

みゆきのはな　かしほえいたろう

菓子舗榮太楼

取寄可　要予約　通年

「諸々の菓子に越して風味よろし」という意の秋田銘菓「諸越《もろこし》」。皇室へも献上されたことがある逸品で、程よく焦がした小豆の風味が、口中にまろやかに広がる。

138頁

麦落雁

むぎらくがん　みますやそうほんぽ

三桝家總本舗

取寄可　要予約　通年

国産の大麦を精選、焙煎して自家精選糖とあわせて成型・乾燥させた落雁。煎った大麦の香ばしい風味がきいている。

143頁

善光寺落雁《ぜんこうじらくがん》

桜井甘精堂《さくらいかんせいどう》

140頁

取寄可　要予約　通年

創建以来、約１４００年の長きにわたり民衆の心の拠り所として信仰を得る善光寺の名を配した打菓子。口に含んだ瞬間、原料である赤えんどう豆の豊かな香りが感じられる。

五万石《ごまんごく》

五万石藤見屋《ごまんごくふじみや》

140頁

取寄可　要予約　通年

徳川家康公誕生の地、岡崎の古歌に因んだ格調高い献上銘菓。舟を模った、米粉に砂糖を加えて練り上げ焼いた香ばしさと歯応えのある素朴な煎餅。

季しらず

小法師《こぼうし》 上菓子司《じょうがしつかさ》 会津葵《あいづあおい》

取寄可 要予約 通年

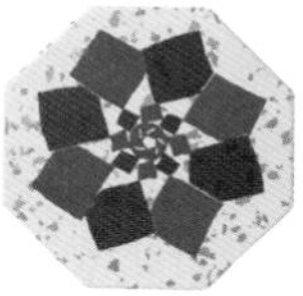

初市の十日市に並ぶ「起き上がり小法師」は会津三縁起の一つ。小豆餡と白小豆黄身餡を用いて「起き上がり小法師」を模り、石衣で包んで雪の情緒を表現。

140頁

和三盆うその鳥《わさんぼんうそのとり》 梅園菓子処《ばいえんかししょ》

取寄可 要予約 通年

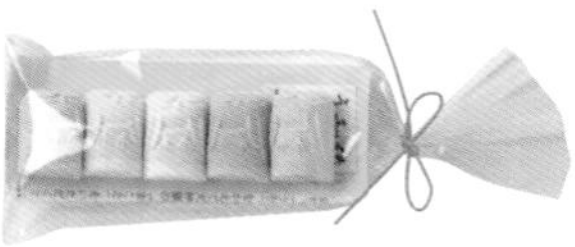

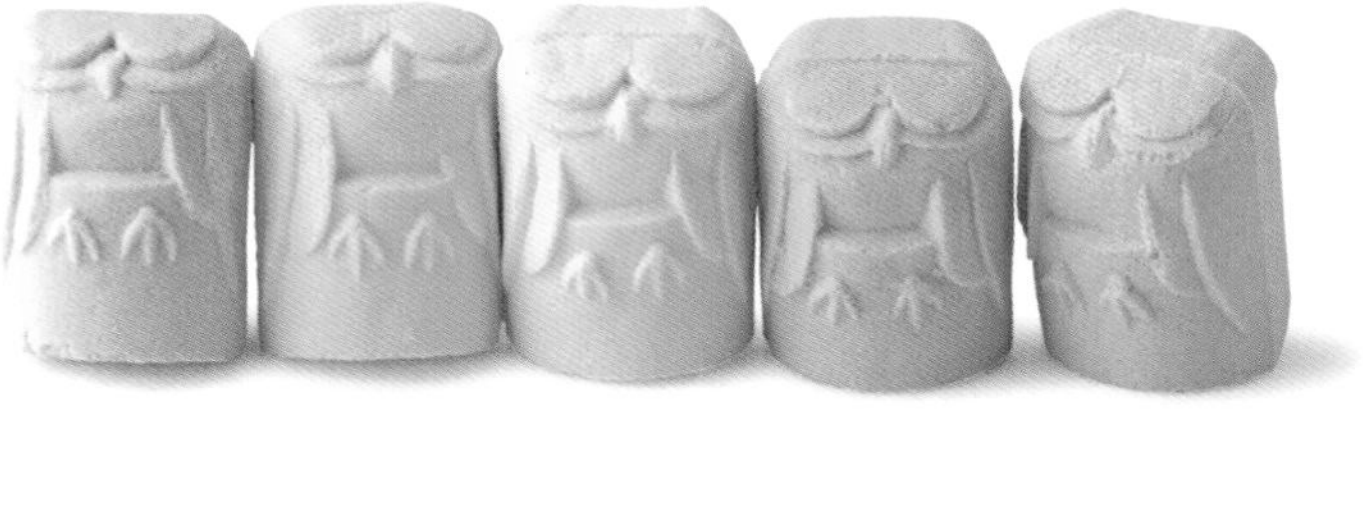

太宰府天満宮の御神鳥「鷽《うそ》」を和三盆糖で模った愛らしい干菓子。一袋に５色１羽ずつ入った、店舗限定品。

142頁

元祖青丹与し《がんそあおによし》®

鶴屋徳満《つるやとくまん》

141頁

取寄可　要予約　通年

奈良銘菓「青丹与し」は有栖川宮《ありすがわのみや》熾仁《たるひと》親王により命銘。青と紅の2色があり、和三盆による上品な甘みと口溶け。一回り小ぶりの「青丹与し小」、胡麻の風味を加えた「みやび青丹与し」も。

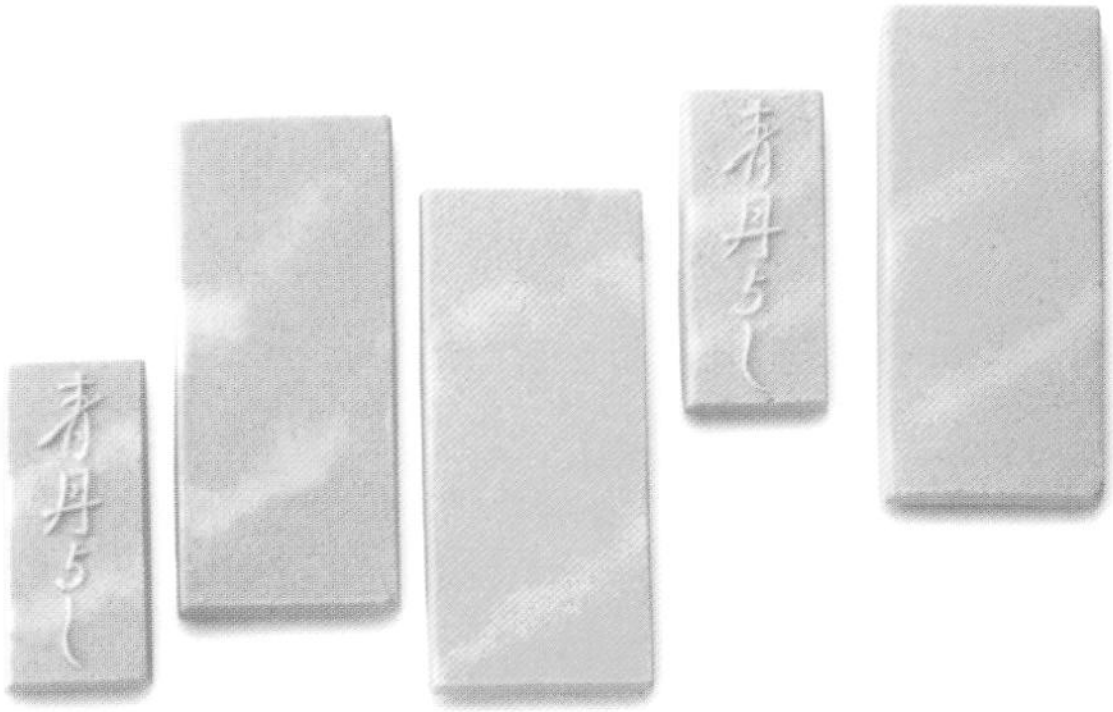

牟婁郡《むろごおり》

文左《ぶんざ》

142頁

取寄可　要予約　通年

しっとりとした肉桂《にっけい》、梅、柚子風味の和三盆糖。熊野那智大社にある、かつて孝徳天皇が牟婁の郡司に賜った古銅印の印影を模っている。

季しらず

豆らくがん

笑福堂

まめらくがん　しょうふくどう

取寄可　要予約　通年

141頁

香ばしく煎った大豆を粗挽きにし、糖蜜で仕上げる。頬はふっくら、おちょぼ口のお多福が福を呼び込みそう。お正月の福まき、節分の日にもぴったり。

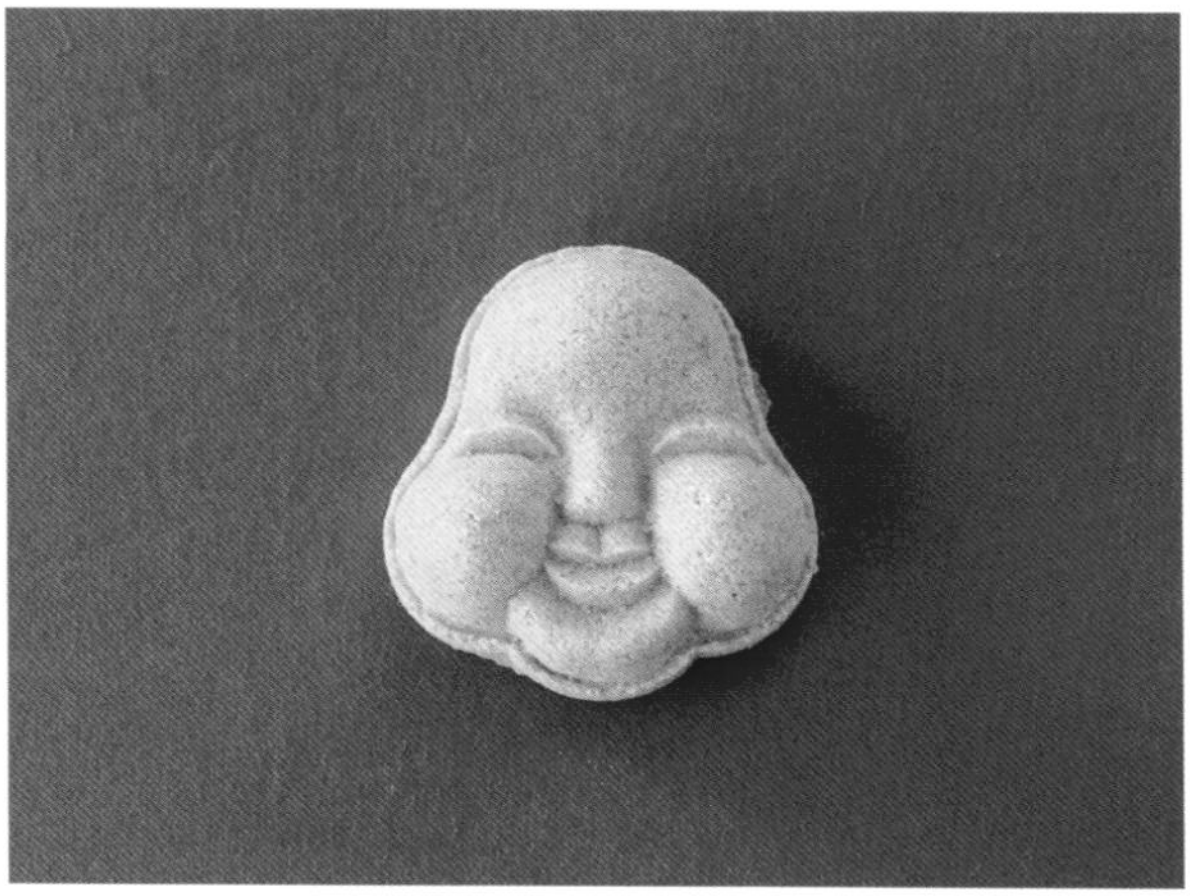

きつね面

梅津菓子舗

きつねめん　うめづかしほ

取寄可　要予約　通年

138頁

小豆粉に白砂糖を用いた「焼ききつね」と黒砂糖を用いた「黒きつね」「五面きつね」の3種類。繊細な菓子のため取り扱いにはご注意を。

沖の石

麻布青野総本舗

おきのいし　あざぶあおのそうほんぽ

取寄可　要予約　通年

138頁

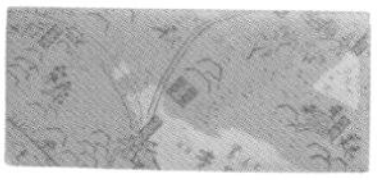

こし餡と小豆を石の形にして、砂糖の衣をまぶし、海中の石をイメージした菓子。白砂糖のサクサクした皮にからむ小豆のやわらかさが心地良い。

旭川 芭蕉庵

あさひかわ　ばしょうあん

取寄可　要予約　通年

142頁

岡山市の中心部を流れる旭川の名を銘にとった柔らかい落雁。明治期の店主が、茶道にふさわしい菓子の創出を目指して考案した。赤は朝日、白は朝霧、青は旭川の清流を表現している。

別子銅山菓 かなみ 畑田本舗

べっしどうざんか　かなみ　はただほんぽ

取寄可　要予約　通年

142頁

柿風味のこし餡が入った餅を薄種ではさんだ菓子。銅山の繁栄を祈る大鉑祭《おおばくさい》のお土産として愛された。

口砂香 梅寿軒

こうさこ　ばいじゅけん

取寄可　要予約　通年

142頁

長崎の唐人屋敷が建造される前に中国から伝わったと伝承される落雁の一種。粳《うるち》米《まい》を煎った粉と砂糖を混ぜて型打ちしているためサクッとした口当たりと、米の香ばしさが特徴。

茶席を彩る干菓子
新世代干菓子

UCHU wagashi《うちゅう　わがし》

138頁

「人をわくわくさせたり、しあわせにする和菓子」がコンセプトの現代的な落雁専門店。現代的とはいえ、選びぬいた素材と和三盆糖でつくる落雁は秀逸。

取寄可　要予約　8月

Swimmy《すいみー》

淡い紫と白、青の金平糖の海に、青や緑、ピンク、黄色、紫色の落雁や琥珀糖の小魚が可愛らしく泳ぐ、見た目も楽しい干菓子。

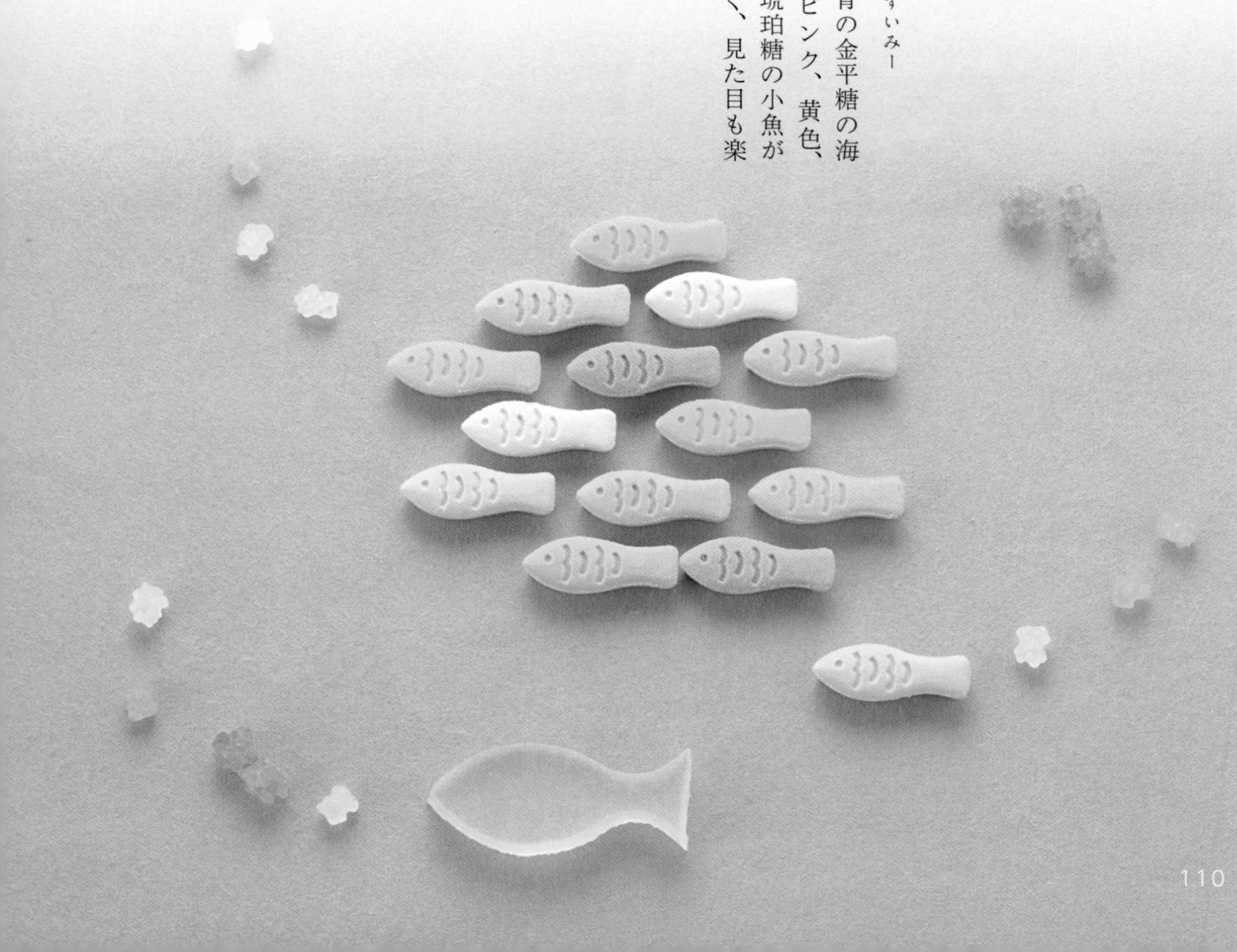

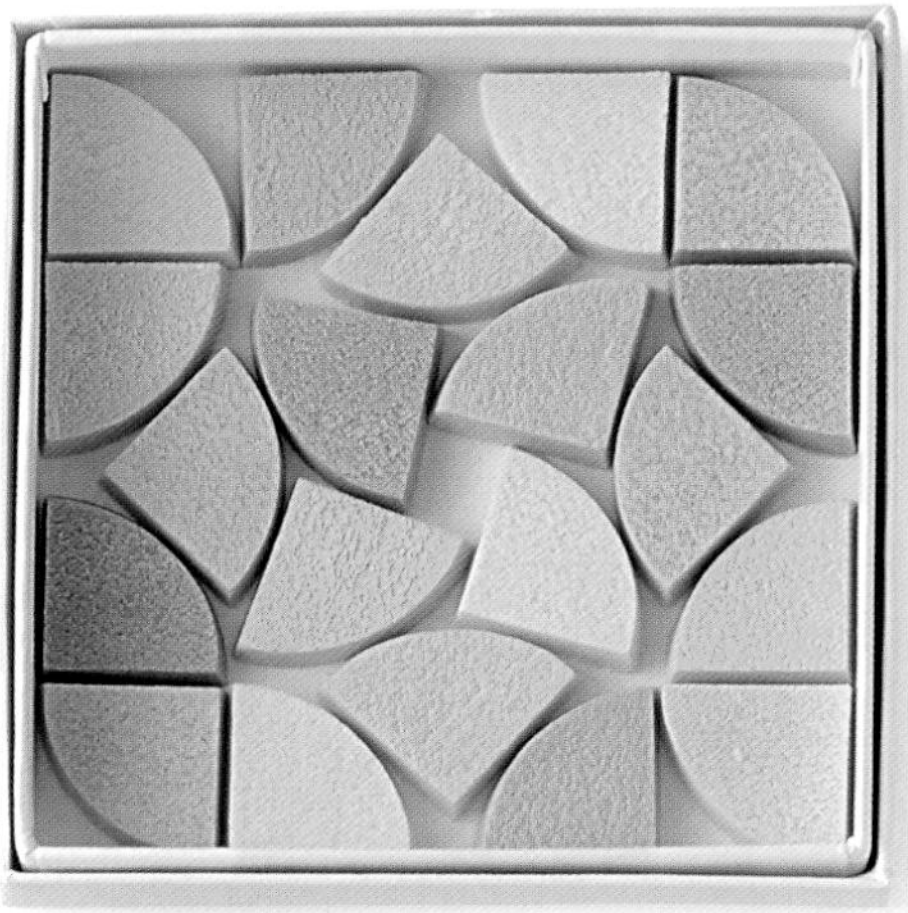

取寄可　要予約　通年

drawing《どろういんぐ》

ピースを組み合わせて、絵を描くように自分だけのカタチを作ることができる落雁。四季を感じて、季節の風景を思い、作ってみよう。

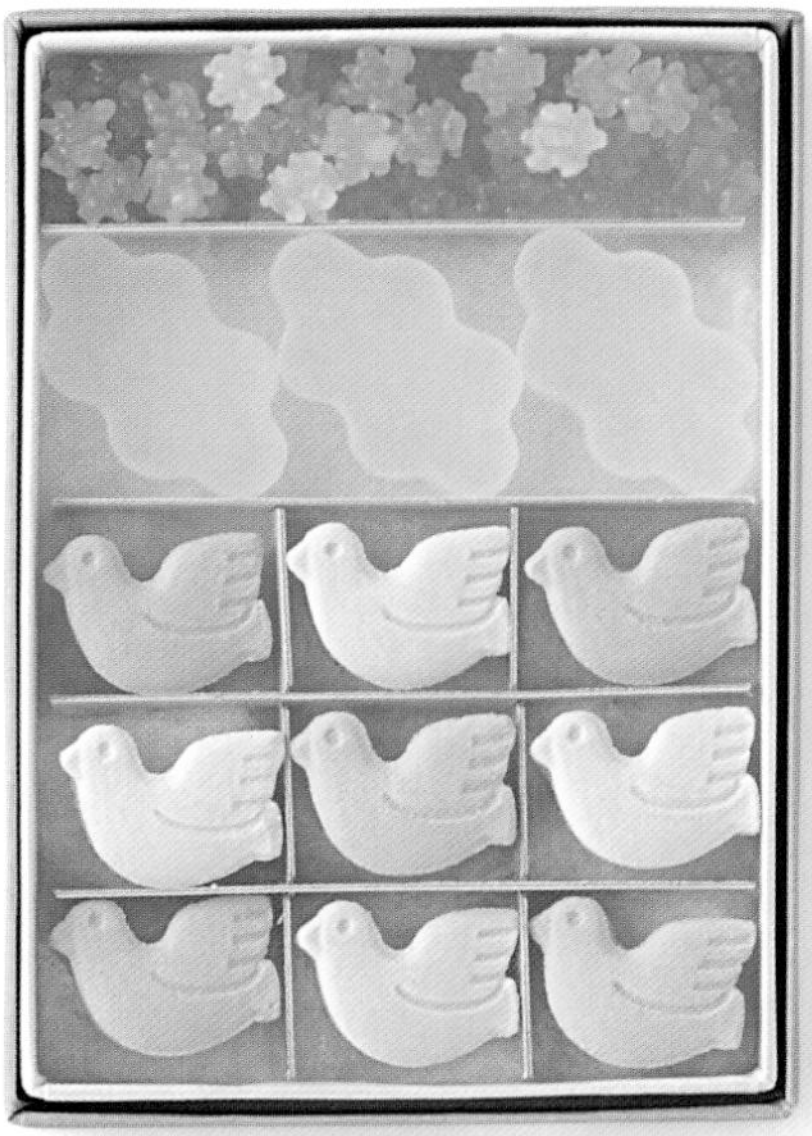

取寄可　要予約　通年

bird〈上〉《ばーど》
bird mini〈右〉《ばーど みに》

青い大空に羽ばたく鳥たちが新しい季節を感じさせる。雲に見立てた琥珀糖は国産の寒天と砂糖製。「bird mini」は「bird」のキットセット。

新世代干菓子

越乃雪本舗《こしのゆきほんぽ》　大和屋《やまとや》

140頁

日本三大名菓の一つ、「越乃雪」（P92）を手がける創業の老舗。近年、その技術を生かし、現代風にアレンジした干菓子「おさとうのまほう」シリーズを展開。

取寄可　要予約　通年

こはくのつみき

絵本型の箱に詰められた、寒天をカラフルな砂糖でコーティングした琥珀製の積み木。

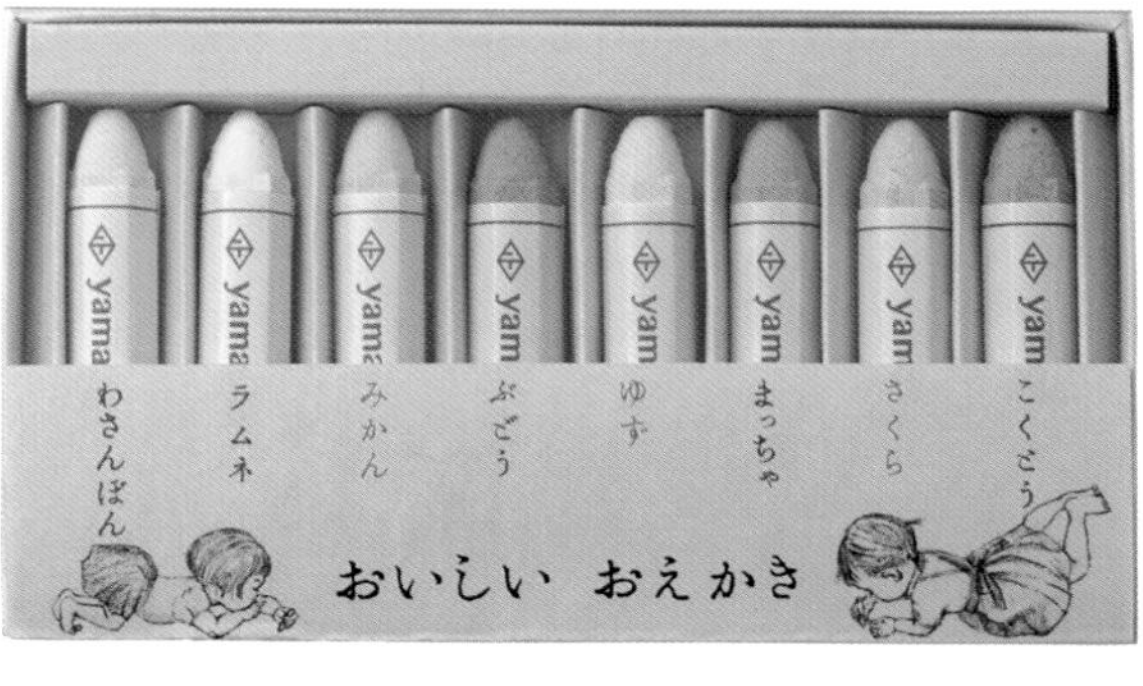

取寄可　要予約　通年

おいしい　おえかき

伝統色のクレヨンをイメージした、和三盆糖を用いた干菓子。季節により、異なる味と色が楽しめる。

取寄可 要予約 通年

あまいおはじき

伝統的な飴細工の有平糖で作ったおはじき。キャンデーとは異なる優しい甘さと、さっくりとした食感を楽しみたい。

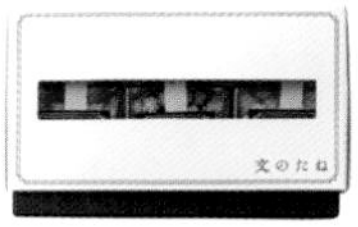

取寄可 要予約 通年

文のたね《ふみのたね》

インク瓶に見立てたガラス瓶に、新潟らしく「あられ」を芯にした金平糖のような干菓子が入る。味や色は季節ごとに異なる。

取寄可 要予約 通年

万華鏡のかけら《まんげきょうのかけら》

きらきらと移ろう万華鏡を琥珀糖で表現。ピンクはラズベリー、青はミント、透明はプレーンの3色3味。

新世代干菓子

亀屋良長《かめやよしなが》

139頁

京の名水「醒ケ井《さめがい》」を用いて200年以上にわたって菓子を手がける老舗ながら、近年は、伝統の技法を生かしつつ、和洋が融合した新たなお菓子を創造している。

七夕［夏］（6月下旬～7月上旬）

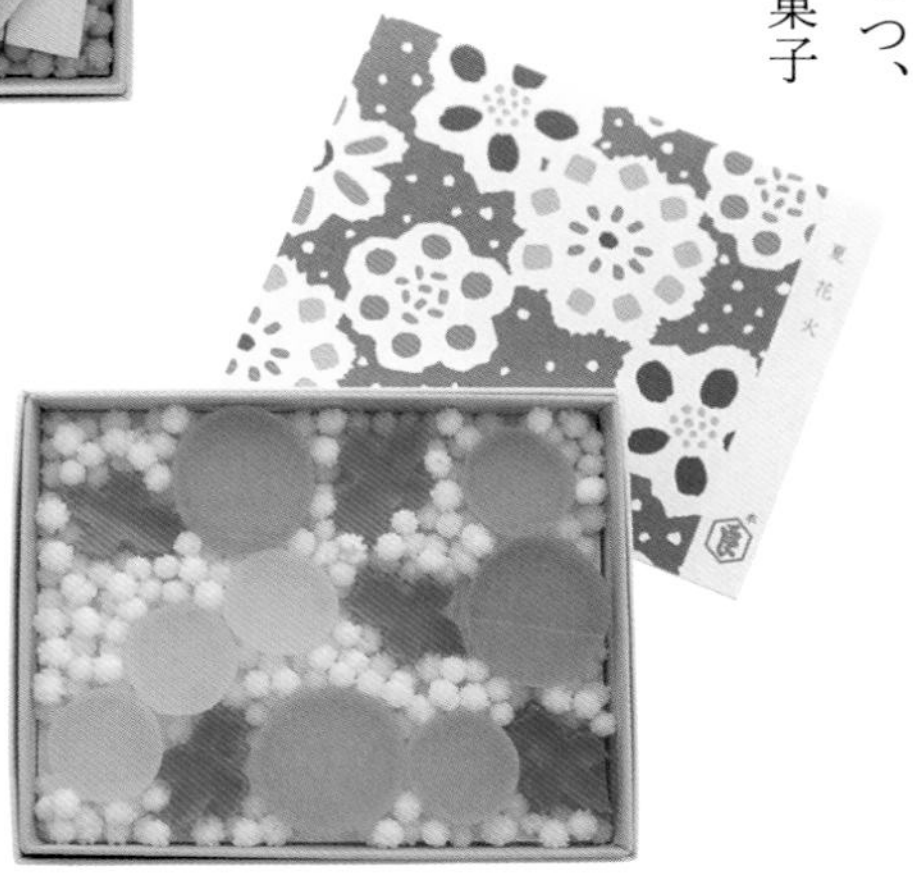

夏花火［夏］（7月～8月中旬）

華はな（カーネーション）［春］（4月中旬～5月中旬）

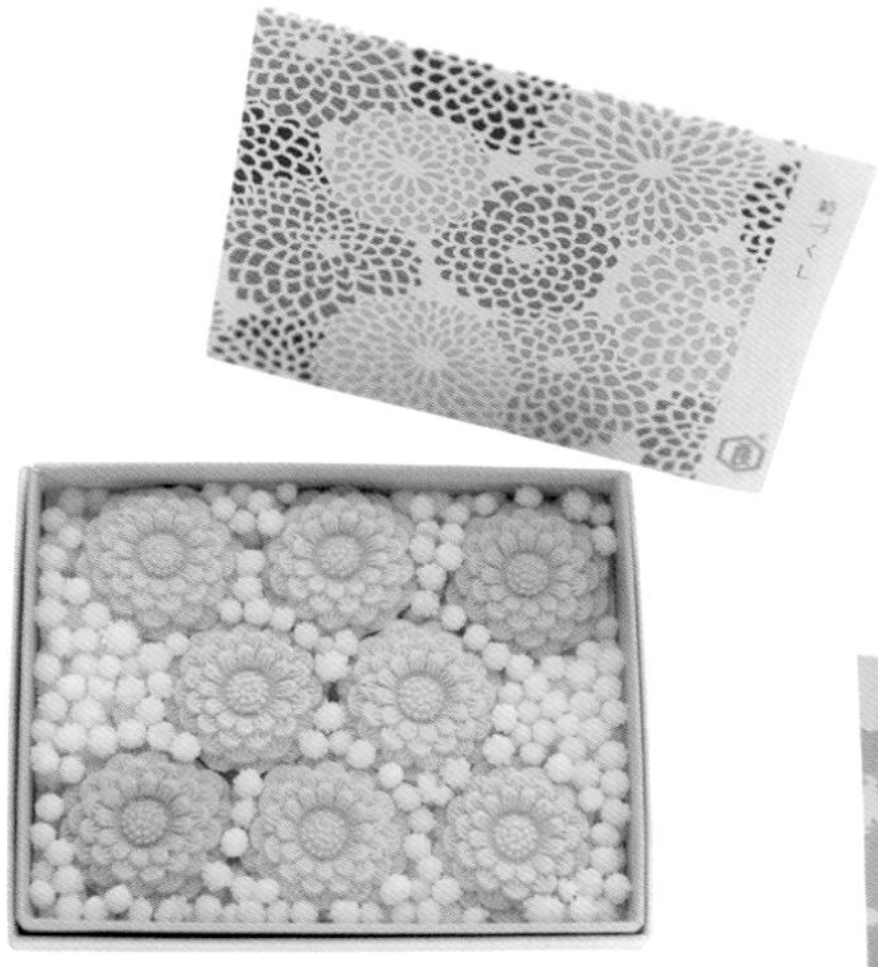

菊づくし［秋］（9月～10月）

雪こんこ［冬］（12月）

暦《こよみ》

取寄可　要予約　通年

七十二候に合わせて中身もパッケージも変わる干菓子の小箱。可愛らしいメッセージカード付き。

虹の色［夏］（4月）

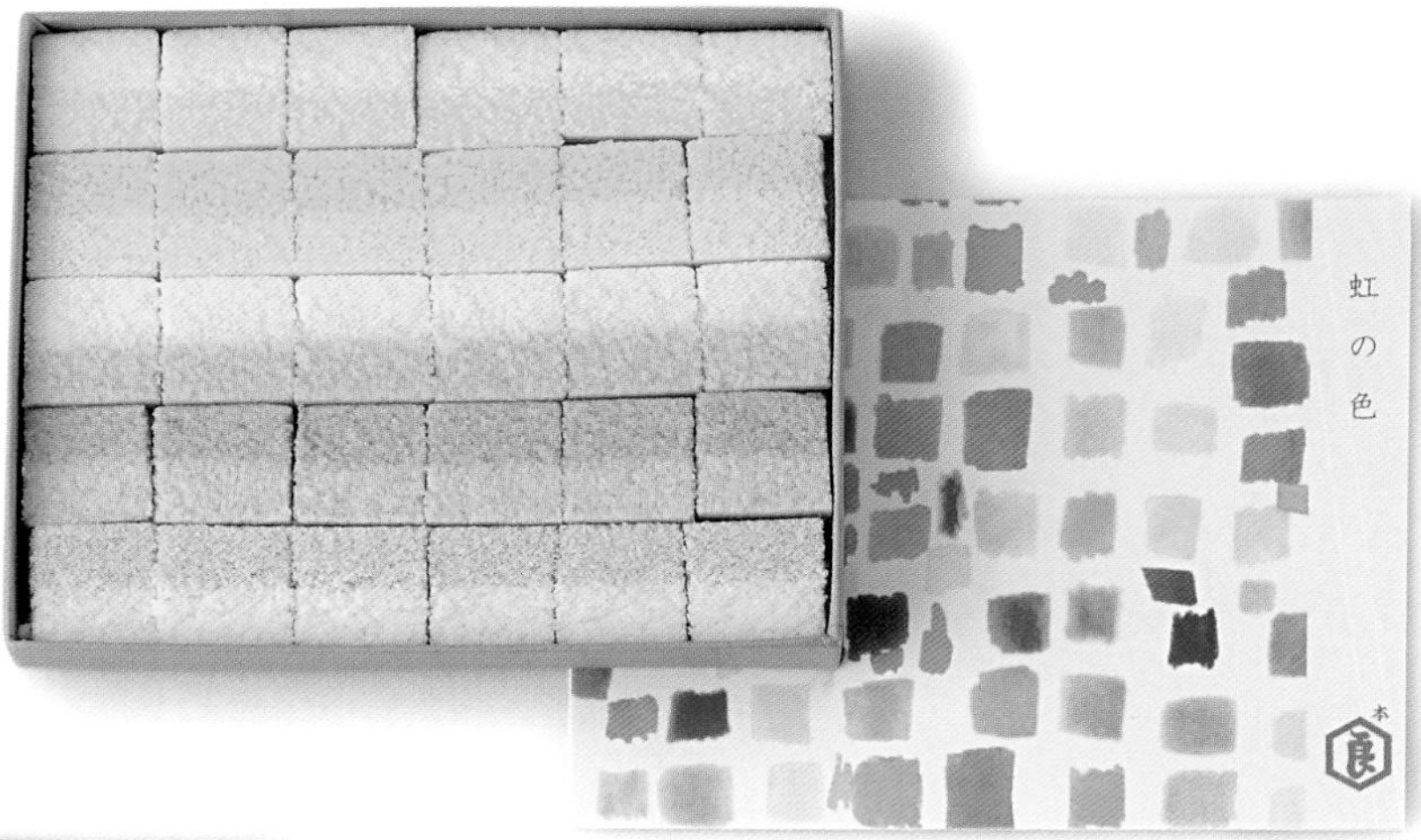

薫風［夏］（5月）

花見月［春］（3月）

新世代干菓子

和菓子《わがし》　結《ゆい》

143頁

創業380年余の老舗「両口屋是清」の新ブランド。「手のひらサイズの日本の美」を追求した和菓子が、人と人とを結ぶ架け橋となることを願った菓子づくりを展開。

［春］

［夏］

取寄可　要予約　通年

めでたづくし

金運を呼び込む金魚と水の組み合わせ。指先にのるサイズの可愛い金魚は、季節によって色がかわる。組み合わせられる「水」も季節によって意匠が変わる。

取寄可　要予約　通年

じゅじゅ

日本古来の伝統色が楽しめる、和三盆製の小さい丸い珠。

新世代干菓子

茶菓工房《さかこうぼう》 たろう《たろう》

141頁

チョコレートの羊羹やマカダミアナッツを使った干菓子など、新しい感覚で、可愛らしい見た目の優しい味の菓子を手がけるニューフェイス。

地の香《ちのかおり》

取寄可　要予約　通年

挽きたての黄粉を水飴で練り、刻んだマカダミアナッツを混ぜ込んだ菓子。噛むたびに素朴な甘さを味わえる。

もりの音《もりのおと》

取寄可　要予約　通年

抹茶・ブルーベリー・黒糖を入れて作った寒天。カリッとした一口目の後にもっちりとした舌触りが楽しめる。

新世代干菓子

鈴懸《すずかけ》

141頁

創業約100年の福岡の和菓子店。「日本の四季を感じる和菓子」というコンセプトを大切にして伝統の味を守りながらも、新しい和菓子を生み出している。

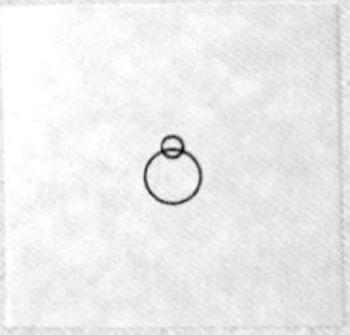

取寄可　要予約　通年

tatamize《たたみぜ》

箱に納められた干菓子が市松模様を描く、洗練された粋なデザイン。四角は南瓜、丸型はきな粉と黒胡麻の2種から選べる。

新世代干菓子

SOU・SOU

そう・そう

141頁

日本の四季をポップに表現したテキスタイルデザインを製作する京都のブランド「SOU・SOU」。「長久堂」をはじめ、さまざまな和菓子店とのコラボレーション企画に積極的に取り組み、オリジナル和菓子を手がけている。

取寄可 要予約 通年

SOU・SOU×長久堂 和三盆セット「数字」

そう・そう×ちょうきゅうどうわさんぼんセット「すうじ」

SOU・SOUのテキスタイルデザインと京菓子の老舗「長久堂」とのコラボレーションから生まれたお干菓子セット。金平糖とポップな数字の和三盆が、箱を開けたときからハッピーな気分に。

おもたせに、お茶請けに
ご当地名物菓子

各地にはその土地ならではの歴史や文化が育んだ名物菓子があります。郷土の魅力がつまった名物菓子を楽しんでみませんか。

北海道

北の彩り散歩径
札幌千秋庵　本店

140頁

きたのいろどりさんぽみち　さっぽろせんしゅうあん　ほんてん

取寄可　要予約　通年

アカシア、ライラック、ハマナスという北海道を代表する花に、札幌のシンボル時計台を和三盆糖で打ち出す。北海道の彩りを表現。

群馬

里みやげ
三桝家總本舗

143頁

さとみやげ　みますやそうほんぽ

取寄可　要予約　通年

夏から秋に収穫された、身の締まった小茄子を厳選し、家伝の蜜に漬け込んで作った砂糖漬け。「一富士　二鷹　三なすび」という「初夢」に因む。

茨城

のし梅
亀印製菓

139頁

のしうめ　かめじるしせいか

取寄可　要予約　通年

南高梅・豊後梅の2種類の国産梅をふんだんに使い、伝統的な製法で作った水戸銘菓。梅の甘酸っぱさ、香りとほどよい弾力感が心地良い。

埼玉

里自慢
亀屋栄泉

139頁

さとじまん　かめやえいせん

取寄可　要予約　通年

川越名産のサツマイモを薄く切り、生姜風味の糖蜜を塗って丁寧に焼き上げた素朴な芋煎餅。ほのかな甘さと生姜の香りが特徴。

埼玉

五家寶《ごかほう》

紅葉屋本店《もみじやほんてん》

143頁

取寄可　要予約

通年

埼玉県熊谷市を代表する銘菓として知られる「五家宝」。同菓子舗の「五家宝」は江戸時代からの製法を守り、無添加で身体にも優しく仕上げている。

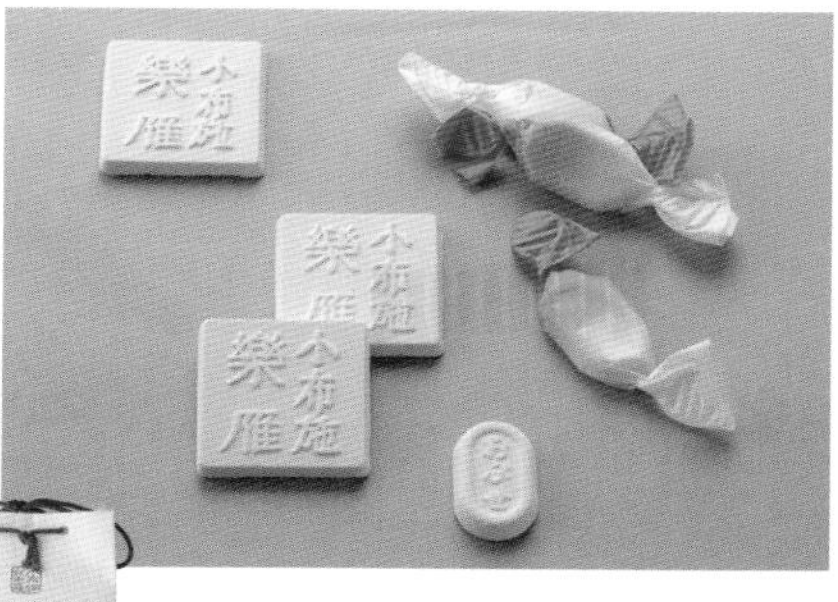

長野

楽雁《らくがん》

小布施堂《おぶせどう》

138頁

取寄可　要予約

通年

赤えんどうと栗蜜の甘みがじんわりと広がる。長形・方形・小判型ともに、打ち出された文字が可愛い。生落雁「くりは奈」もぜひ。

新潟

蒸し柚餅子《むしゆべし》

本間屋《ほんまや》

143頁

取寄可　要予約

通年

保存料・着色料などは一切使わず、もち米、生の柚子、蜜というわずか3種類の原料のみを用いた手作りの製法で江戸時代以来、作り続けられている。

愛知

半田　琥珀煉瓦《はんだこはくれんが》

松華堂《しょうかどう》

140頁

取寄可　要予約

通年

半田市の観光名所、赤レンガ建物のオープン記念として生まれた干錦玉製の干菓子。七色のカラフルなレンガで、自由な形を描いてみるのも楽しい。

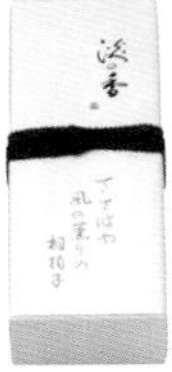

滋賀

淡の香《あわのこう》
菓心おおすが《かしんおおすが》

138頁

通年

取寄可　要予約

琵琶湖の凛とした静謐な風景をイメージした干菓子。和三盆糖と卵を主原料としており、口どけが良い。

奈良

明日香川《あすかがわ》
天平庵《てんぴょうあん》

142頁

通年

取寄可　要予約

ふっくらと炊き上げた艶やかな十勝産小豆を寒天の入った蜜で固めて表面を乾燥させた。シャリっとした歯ごたえのあとに、小豆の柔らかな口当たりと風味が楽しめる。

滋賀

あみ舟《あみぶね》
大津 風月堂《おおつ ふうげつどう》

138頁

通年

取寄可　要予約

琵琶湖で漁に用いられる網舟をモチーフにした、舟形をした煎餅。生姜味の砂糖蜜がほどこされ、軽やかな食感がうれしい。

島根

生姜糖《しょうがとう》
山陰名産 来間屋生姜糖本舗《さんいんめいさんくるまやしょうがとうほんぽ》

140頁

通年

取寄可　要予約

島根県の出西《しゆつせい》地区でしか採れない「出西生姜」の絞り汁と砂糖というシンプルな素材を使い、手間をかけて仕上げた伝統の味わい。

鳥取

砂丘の風紋

京屋菓舗

139頁

さきゅうのふうもん　きょうやかほ

取寄可　要予約　通年

風によって美しい紋様を創り出す自然現象「風紋」を模した落雁。優しい食感で、梅エキスを加えた独特の風味。

広島

桜鯛せんべい

虎屋本舗

142頁

さくらだいせんべい　とらやほんぽ

取寄可　要予約　通年

景勝地「鞆《とも》の浦《うら》」で、航海の安全と大漁を願って約３８０年にわたって行われてきた伝統漁法の鯛網で獲れるマダイ（桜鯛）を模った素朴な玉子煎餅。

岡山

みそゆべし

天任堂

142頁

みそゆべし　てんにんどう

取寄可　要予約　通年

松山藩６代藩主板倉勝職公に当地産の柚子を献上して以来、茶の湯の伝統に適ったゆべしを作り続けてきた。柚子と味噌の香りが程よい。

山口

大内姫鹿の子

本多屋

143頁

おおうちひめかのこ　ほんだや

取寄可　要予約　11月上旬～2月上旬

一口サイズの可愛らしい鹿の子は、丹波大納言と栗、隠元豆の３種類。それぞれ異なった餡で求肥を包んでいる。

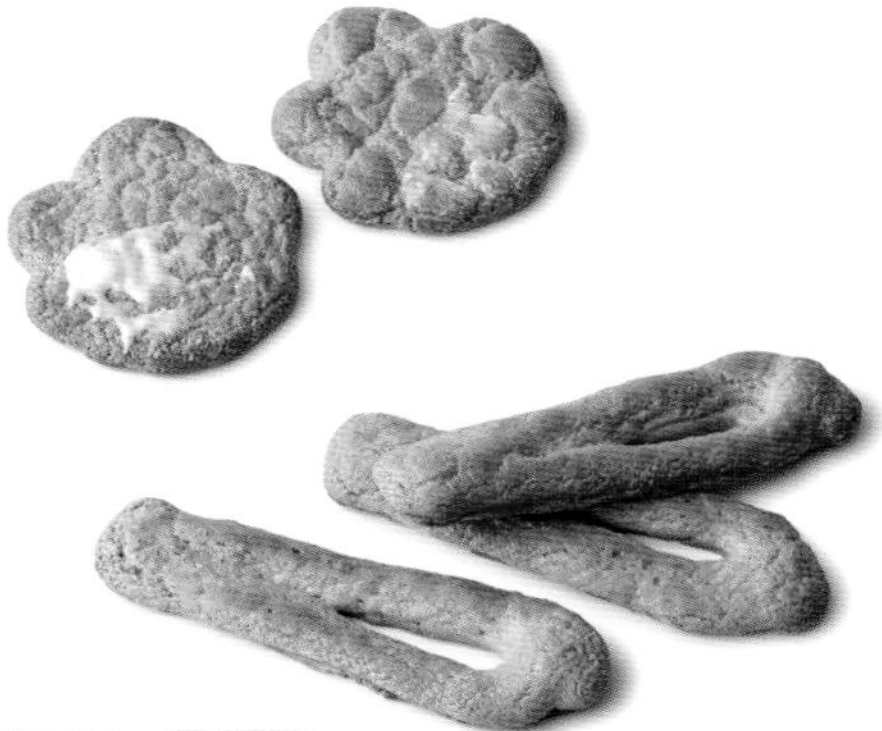

山口

松葉ぼうろ　もみじぼうろ
松琴堂

141頁

まつばぼうろ／もみじぼうろ
しょうきんどう

取寄可　要予約
通年

胡麻とそば粉を卵の黄身で練り上げた生地の松葉と、蓮華蜂蜜たっぷりのもみじ。さくさくっとした快い歯ごたえと香ばしい風味。

徳島

鳴門っ娘
和庵　鳳月坊

142頁

なるとっこ　なごみあん　ほうげつぼう

取寄可　要予約
通年

徳島名産のなると金時と阿波和三盆のみを使い、本物のサツマイモそっくりの形に仕上げている。サツマイモの味わいはそのままに、阿波和三盆糖の豊かな風味が加わっている。

山口

萩乃薫
光圀本店

143頁

はぎのかおり　みつくにほんてん

取寄可　要予約
年により変動

夏みかんの皮を糖蜜煮した逸品。箱入には果肉実型の琥珀羹「松陰の里」が入り、中身の透明感と美味しさは感動的。

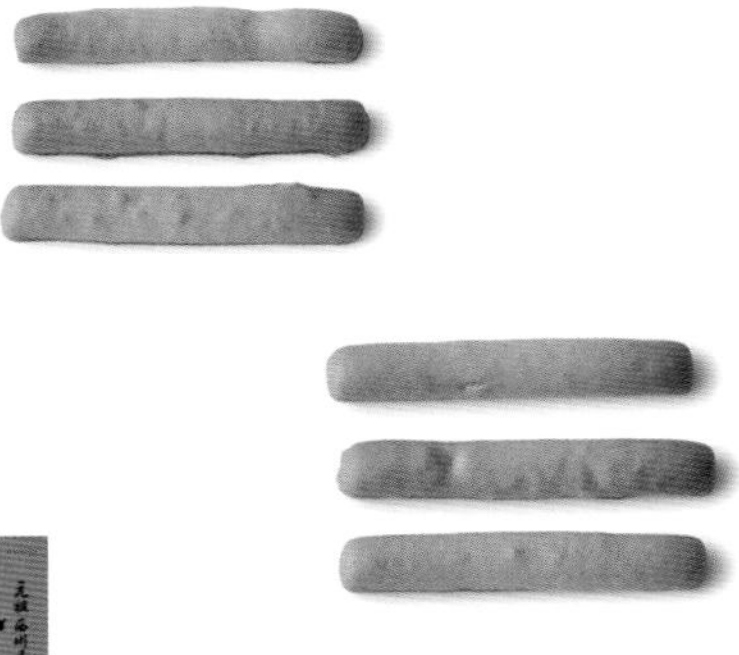

高知

元祖ケンピ
西川屋老舗

142頁

がんそけんぴ　にしがわやしにせ

取寄可　要予約
通年

白髪素麺、麩からヒントを得て製造した干菓子で、当時の土佐藩主に献上して深く賞讃されたと伝える。ケンピ（堅干）の名称はその硬さに因む。

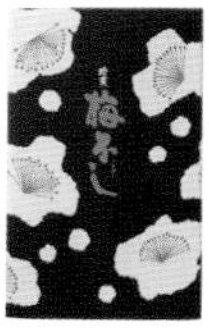

高知

梅不し《うめぼし》

西川屋老舗《にしかわやしにせ》

142頁

取寄可　要予約　通年

正治年間に、姫倉山麓の僧侶が、時の上皇に献上した手作りの菓子に「梅不し」の御名を賜ったという故事を追想した餅菓子。土佐藩主・山内一豊も愛したと伝える。

長崎

もしほ草《もしほぐさ》

梅寿軒《ばいじゅけん》

142頁

取寄可　要予約　通年

かつて、海水から塩を取り出すために用いられていた海藻「藻塩草」をイメージ。昆布とあわせた求肥の全面にまぶされた砂糖とともに波打つさざ波を表現。

長崎

おたくさ《おたくさ》

菓舗 唐草《かほ からくさ》

139頁

取寄可　要予約　通年

シーボルトが最愛の妻お滝のために「ハイドランゲア　オタクサ」と学名をつけた花「おたくさ」とはあじさいのこと。シーボルトの想いに寄せたあじさいを模ったパイ菓子。

熊本

春日野《かすがの》

きくもとや《きくもとや》

139頁

取寄可　要予約　通年

ゆかり入りの淡いピンク色の落雁。ほのかなしその香りと塩味が好ましい。

第四章

干菓子の盛り付け方と頂き方

［指導］鈴木宗博

干菓子の器

唐物《からもの》には青貝《あおがい》（薄貝の細工が施されている）、堆朱《ついしゅ》（彫漆《ちょうしつ》の一種。漆を何回も塗り重ね、最後に文様を彫り出したもの）、堆黒《ついこく》、堆黄《ついおう》、存星《ぞんせい》（中国漆芸の一種。鎗彩《そうさい》、塡漆《てんしつ》とも）、蒟醬《きんま》（漆工芸の一種。竹組の器胎《きたい》に堅地をつけ、その上に漆を厚く塗り重ねて文様を彫刻し、そこに堅く練った色漆をヘラで摺り込み、研炭《とぎずみ》で研ぎ出したもの）、独楽《こま》（漆工芸の一種。中国南部およびタイなど東南アジアを中心につくられたもの）などの塗物、ほかには砂張《さはり》（銅を主とし錫、鉛を加えた合金）などがある。

和物《わもの》は、真塗《しんぬり》、蒔絵、一閑張《いつかんばり》（木型を使って和紙を漆や糊《のり》で貼り重ねたものを器胎とした漆器をいう）、青漆《せいしつ》、朱漆《しゅうるし》などがあり、ほかに木地や南鐐《なんりょう》（銀の異名。中国の銀の産地の一つが南鐐という地名であるところからの名）、砂張などがある。

爪紅四方盆

内朱一閑糸巻盆

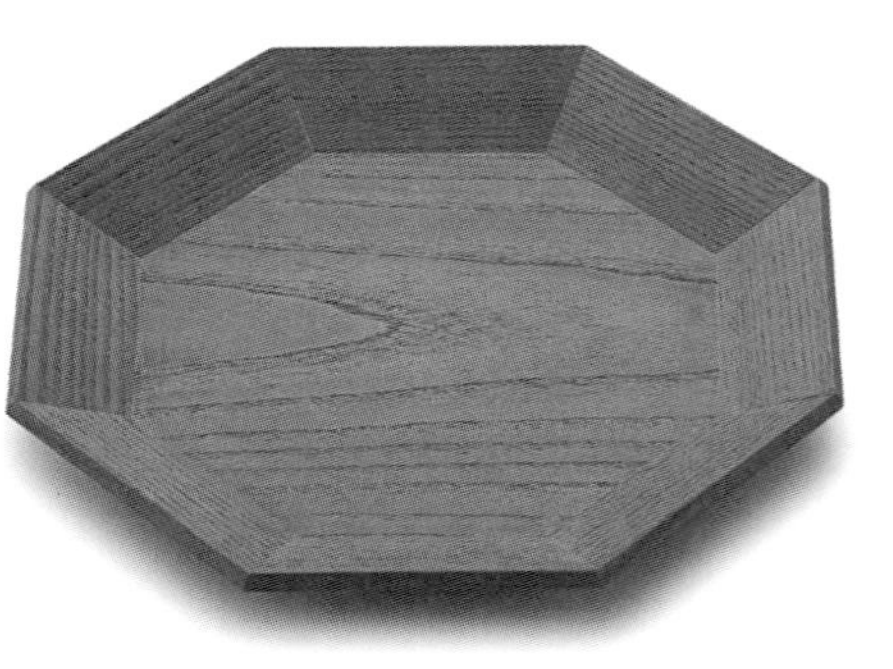

木地盆

箕

干菓子盆の準備

茶事、茶会の前に干菓子盆を準備する。使う前には箱から出し、乾いた柔らかい布巾で乾拭きをする。手の脂がつかないように、布巾で持ってもよい。

干菓子を盛り付ける

干菓子盆の準備ができると、干菓子を盛り付けていく。基本的に、煎餅や押物、打物類を向こうに盛り、有平糖を手前に盛り付ける。薄茶を重ねて出す場合を考えて、干菓子は一種のみ、また二種、数種を客数より数多く盛り込む。干菓子は手で取り回すので、干菓子盆には黒文字や菓子箸は添えない。器と菓子の調和や、用いる場面に応じて、盛り方はさまざまに工夫できる。

干菓子盆を清める

乾いた柔らかい布巾で乾拭きをする。

塗物

木地

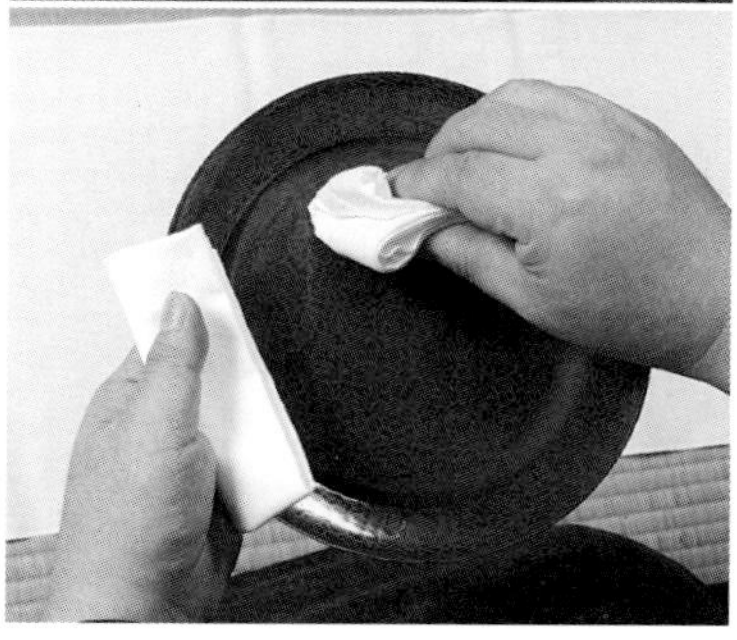

金物

基本の盛り付け方［二種］

右向こうに煎餅や押物、打物類を盛る。

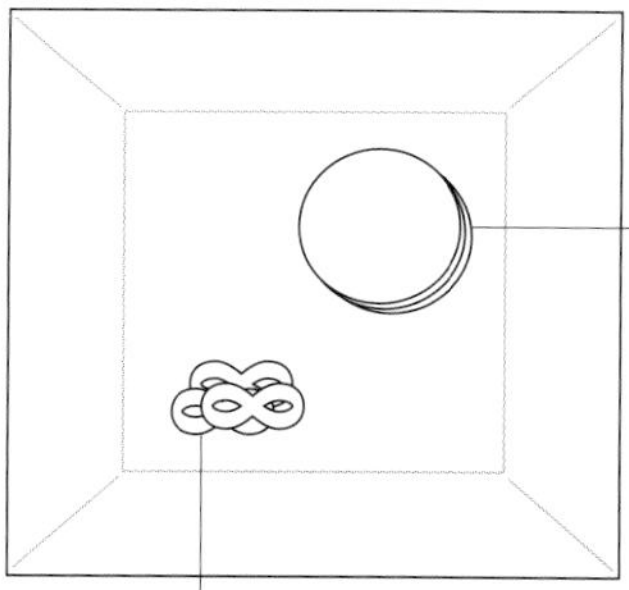

左手前に有平糖などを盛る。

器に花押があるとき

干菓子盆に花押などがある場合、その上はよけて盛る。

花押

盛り付け例❶

煎餅　桜
押物　富貴春

目上の方をお招きするような、少しあらたまった席を想定して、煎餅や押物をなるべく揃えて盛った。

盛り付け例❷

煎餅　春霞
押物　蝶

ときには器の文様や菓子の意匠に合わせて、少しくずして盛るのも良い。春霞たなびく空に、ひらひらと蝶が舞う姿を描いた。

盛り付け例❸

煎餅　ホタル
生砂糖　水

焼印が施されているものは、置く向きによって動きが生まれ、印象が変わる。ホタルをやや上向きに配して、清流に飛び交う様子をイメージした。

盛り付け例❹

煎餅　初雁
押物　野菊

干菓子の向きや重ね方により、干菓子盆の中の景色が変わるのは面白いもの。煎餅を互い違いに重ねて絵柄を連続させ、秋の野に飛来する雁を表現。

干菓子の向き

菓子には正面が明らかなものもあれば、盛り付けるほうのセンスに委ねられる菓子もある。例えば、文字入りの打物の正面は明白だが、焼印をほどこした煎餅などは、焼印を向ける位置によってイメージが変化する。焼印を向ける位置によってイメージが変化する。菓子の向きに気を配りながら、菓子器に景色を描くように盛り付けるのも亭主の楽しみの一つ。

干菓子の種類を選ぶ

ひとくちに干菓子といっても、干菓子にはさまざまな種類がある。有平糖、打物・押物、洲浜、煎餅、生砂糖などが主なものである（P10～13）。

同じ主題であっても、種類を変えると違った雰囲気の干菓子になり、組み合わせ方も、打物と有平糖、煎餅と有平糖、煎餅と打物など様々に考えられる。器との映りも考慮して、菓子舗のご主人とよく相談したい。

干菓子の正面を確かめる

盛り付け例

煎餅

滝煎餅

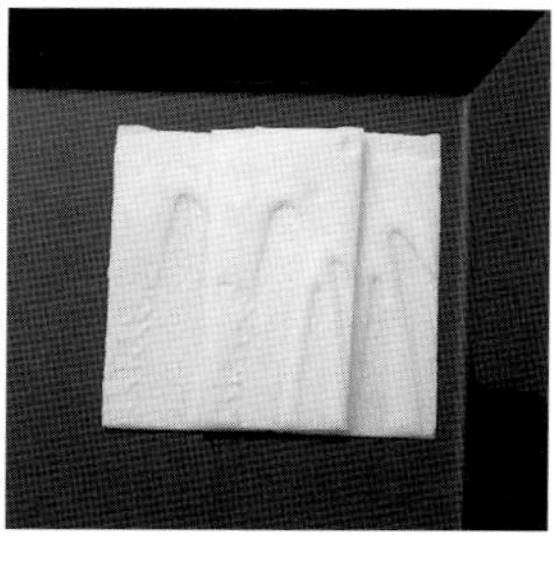

白い煎餅にすり蜜を刷毛で塗った「滝煎餅」は、滝が流れ落ちるような向きに盛る。

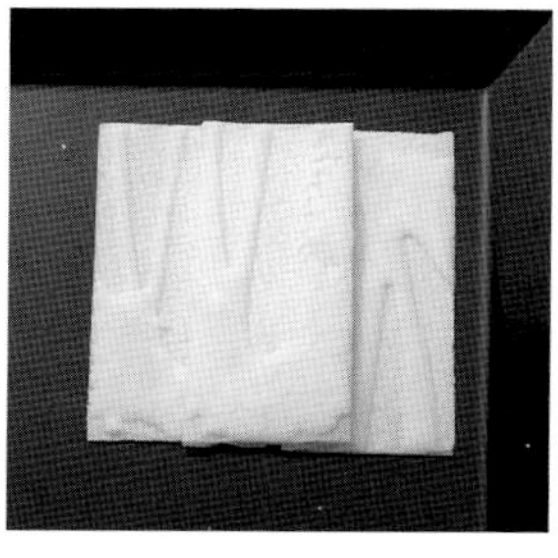

菓子の向きがばらついているので、本来の意匠がわかりづらい。

取り合わせ例

煎餅　楓

生砂糖　水

新緑の時季になると、青楓と滝や水といった取り合わせの干菓子をよく見かける。緑の煎餅を楓の焼印の向きに気を付けて盛り、水の生砂糖と取り合わせてみた。

器に絵を描くように

趣向によっては、器に絵を描くように盛ってみるのも楽しみの一つ。「楓」（押物）と「滝」（煎餅）の2種を用いた場合でも、上に楓を盛ることによって、流れる滝に青楓が差し掛かるような景色が浮かんでくる。また、楓の緑色を黄色や橙色に変えることによって紅葉の景色を描くことも可能となる。

また器の色や形によって、干菓子の映りや印象が大きく変わるので、茶会で使う干菓子や器は、じっくりと、そして楽しみながら決めたい。

一箇所に盛る場合

「貝寄せ」や「吹寄せ」などは、色合いを見ながら無作為に盛り付ける。3種、5種、7種の奇数で、数種を取り混ぜて自然な景色に盛り付ける。客にいくつ取ってもらうかを考えて盛り、少し多めにしておく。

「貝寄せ」は雛祭りの貝合せに因んだもので、

盛り付け例

煎餅　滝煎餅

押物　楓

前ページと同じ「楓」と「水」を表現したものの取り合わせでも、「楓」を押物、「水（滝）」を煎餅でつくると印象が変わる。

盛り付け例

貝寄せ

形状の異なる種々の貝を盛り付けたもの。干菓子器には菱形盆や朱塗りの足付盆などが好ましい。

「吹寄せ」はさまざまな素材でつくられた、紅葉、鴨脚《いちょう》、銀杏《ぎんなん》、松葉、松笠、しめじ、栗など。干菓子器には農具や塵取りとして使われる箕や、彩りを引き立たせる無地の器なども好ましい。

盛り付け例

吹寄せ

干菓子盆を片付ける

1 干菓子の粉などをはらい、塗物や金物は固く絞った布巾で拭き、乾いた柔らかい布巾で乾拭きする。木地は乾拭きだけにとどめておく。

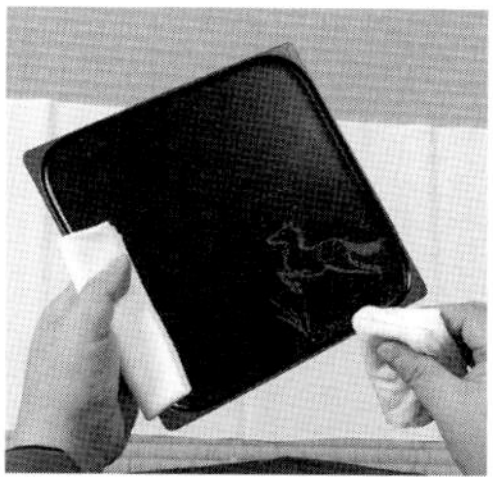

蒔絵や花押がある場合は、触れないように注意を払い、汚れたところを中心に拭く。

手に持つところは手脂が残りやすいので、干菓子盆の側面や裏側も忘れずに拭く。

2 風通しのよい室内で陰干しをする。

3 元の通り、箱に仕舞う。

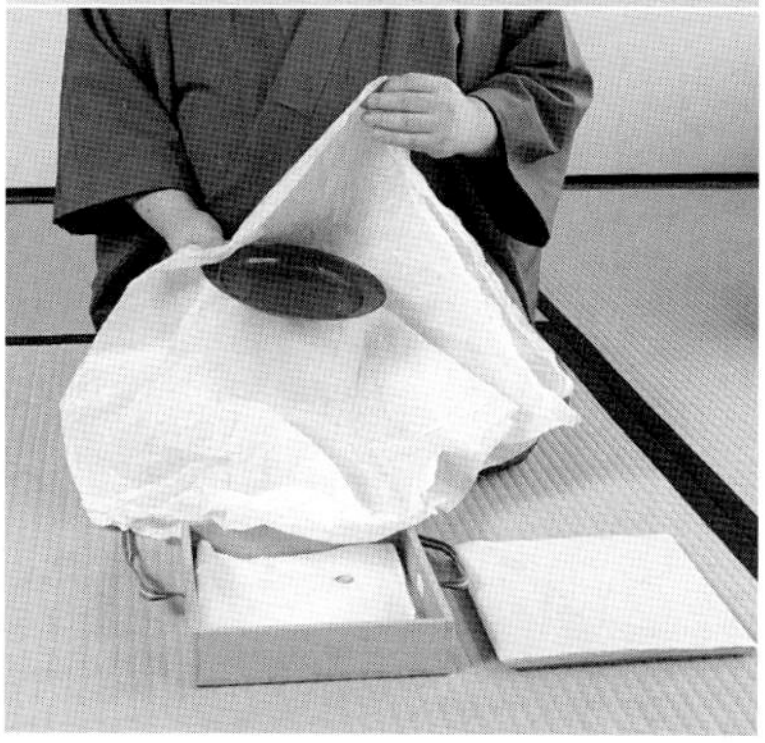

干菓子の頂き方

1

亭主は干菓子盆の正面を客に向けて持ち出し、正客の正面に置き、一礼をする。

2

点前が進み、亭主は茶杓を持った頃、正客に「お菓子をどうぞ」とすすめ、正客は「頂戴いたします」と受け礼をする。

3

正客は次客に「お先に」と次礼をする。干菓子盆を両手で取り、軽く押し戴く。

4

懐紙を膝前に取り出して干菓子を取り懐紙にのせる。2種盛られていれば、まず向こうの干菓子を取り、続いて手前の干菓子を取る。

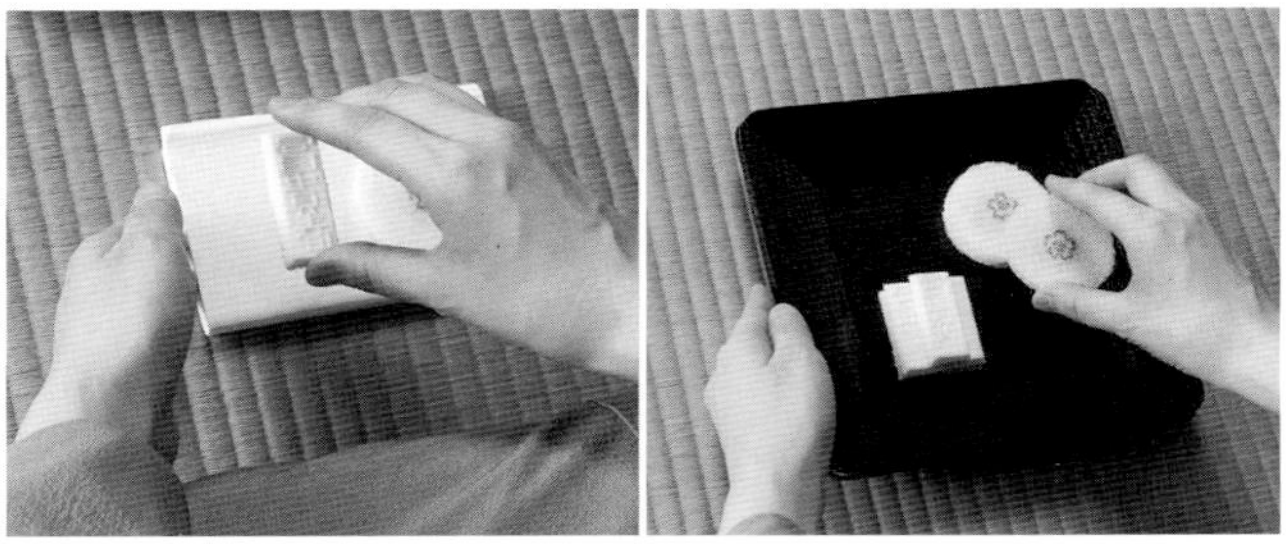

5

正客は干菓子盆を縁外で次客に送り、懐紙ごと取り上げて干菓子を頂く。次客以下も頃合を見て、正客と同様に干菓子を取る。

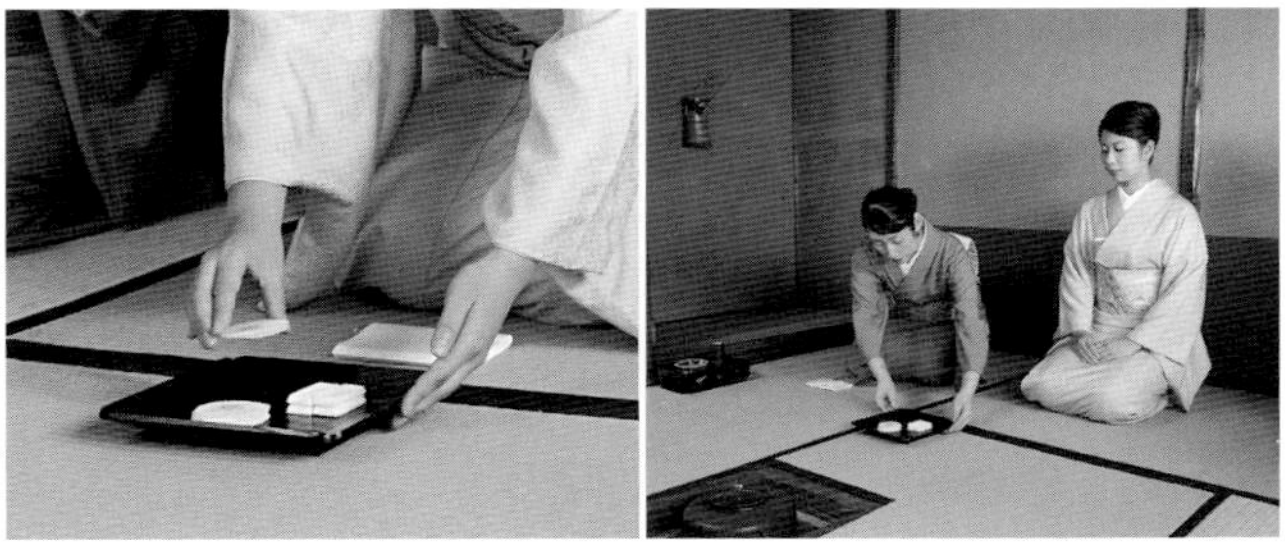

「煎餅」を頂くとき

直接かじるのではなく、手で割ってから頂く。粉が散りそうな場合は、懐紙に挟んでから静かに割ると、手も汚れず、きれいに割れる。

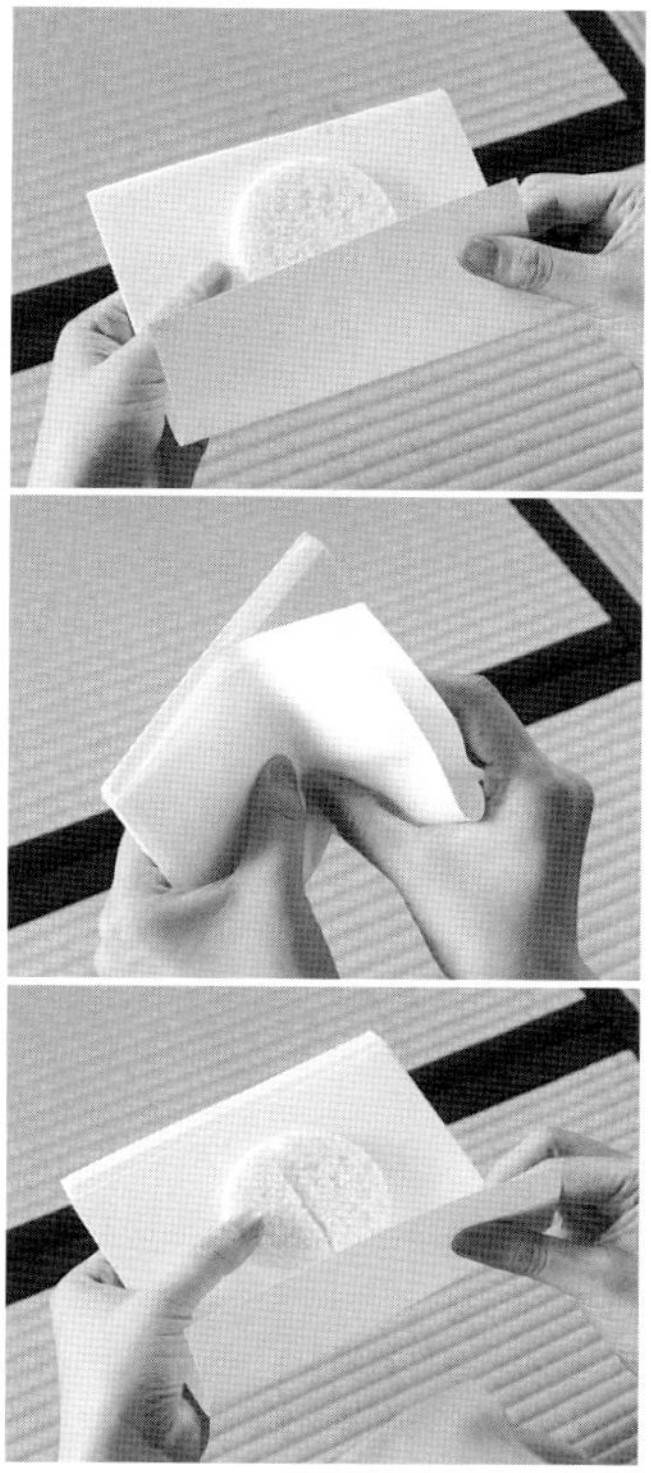

干菓子盆の返し方

茶会の場合は、末客は干菓子を懐紙に取ると、干菓子盆を下座に預かる。

茶事の場合は、末客は干菓子を懐紙に取ると、干菓子盆を正客に戻す。正客は亭主の「お仕舞い」の挨拶があると、莨盆と干菓子盆を置き直す。末客は、退出するときに、莨盆と干菓子盆を茶道口に返しておく。

「貝寄せ」「吹寄せ」を頂くとき

干菓子器に種々の貝を模った干菓子を盛る「貝寄せ」や、松葉や銀杏を盛り込んだ「吹寄せ」は、季節の趣にあふれた干菓子といえる。しかし、いざ客となって出されたときには、いくつ頂けばよいのか迷う方も多いはず。亭主方は客数を考えて盛っているため、「〇個ずつお取りください」などと客に声を掛けると、スムーズに取り回すことができるだろう。

干菓子器から取るときは、盛り付けが崩れないように、数種を選んで懐紙に取り、懐紙を取り上げて頂く。数種を取り混ぜて盛り付けてあるので、取る際は同じ種類ばかりにならないように気を付けたい。

立礼席で干菓子を頂く

1
亭主は干菓子盆を正客の前に運び出し、一礼をする。

2
点前が進むと、正客は亭主から菓子のすすめを受ける。

3
正客は次客に次礼をして、干菓子盆を押し戴く。

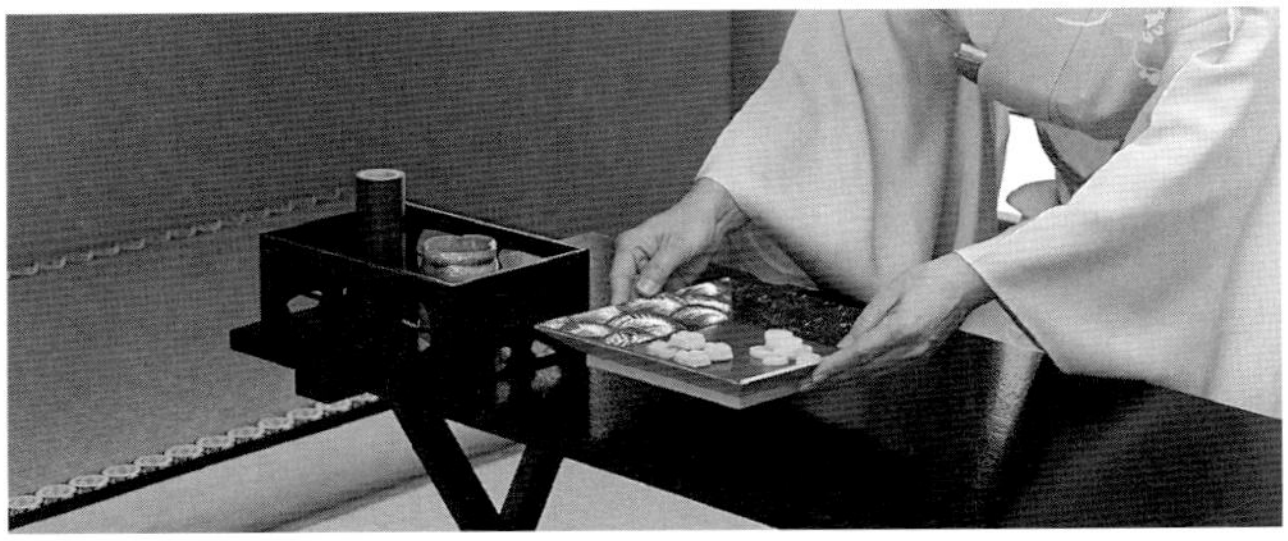

4
干菓子を向こう、手前と取って懐紙にのせる。次客に干菓子盆を送ると、干菓子を頂く。

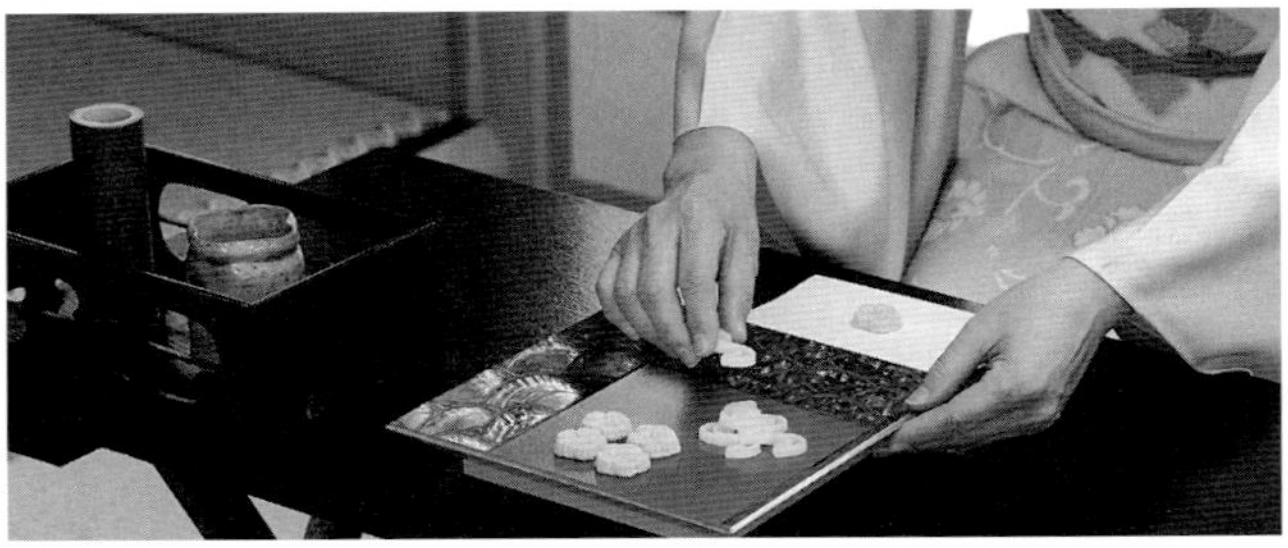

5
次客も菓子をすすめられると、正客と同様に干菓子を懐紙に取って、干菓子盆を末客に送る。

6 菓子をすすめられると、末客も干菓子を懐紙に取り、干菓子盆を下座に預かる。

7 末客の茶が点つと、半東は末客の茶碗を取り次ぐ。

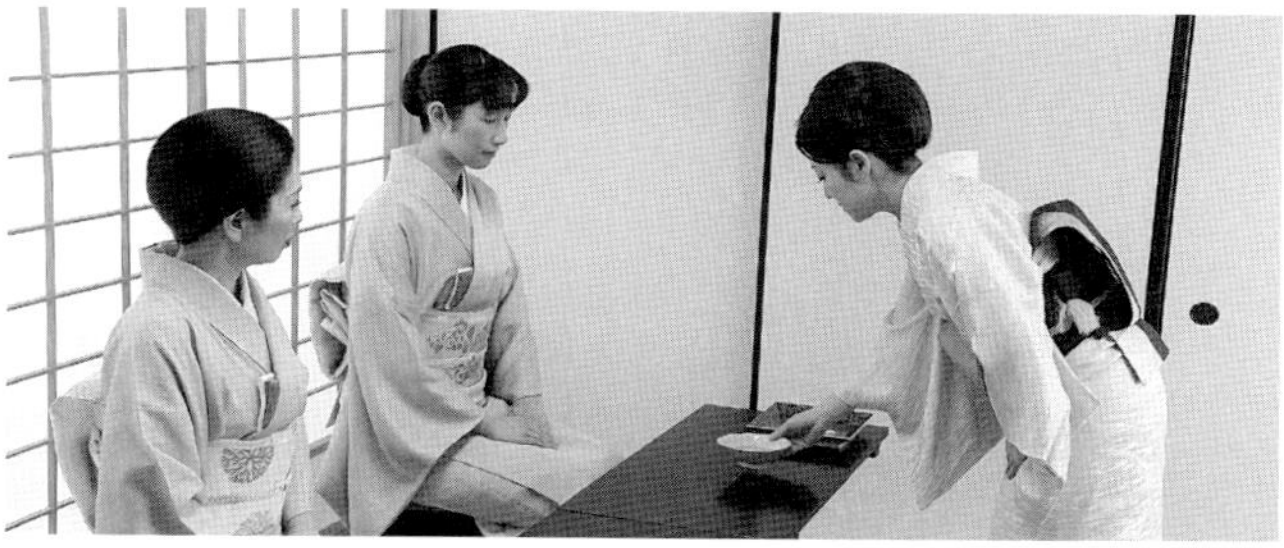

8 半東は末客の下座にある干菓子盆を持って、正客の喫架に戻す。

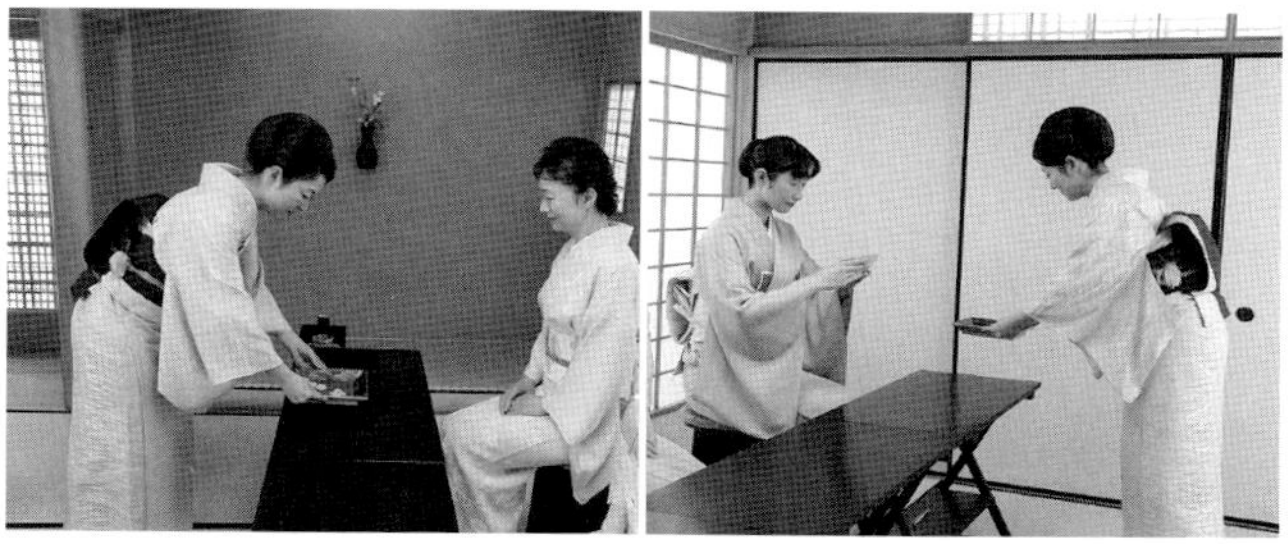

9 亭主のお仕舞いの挨拶を受けると、正客は干菓子盆を莨盆の手前に置き直す。

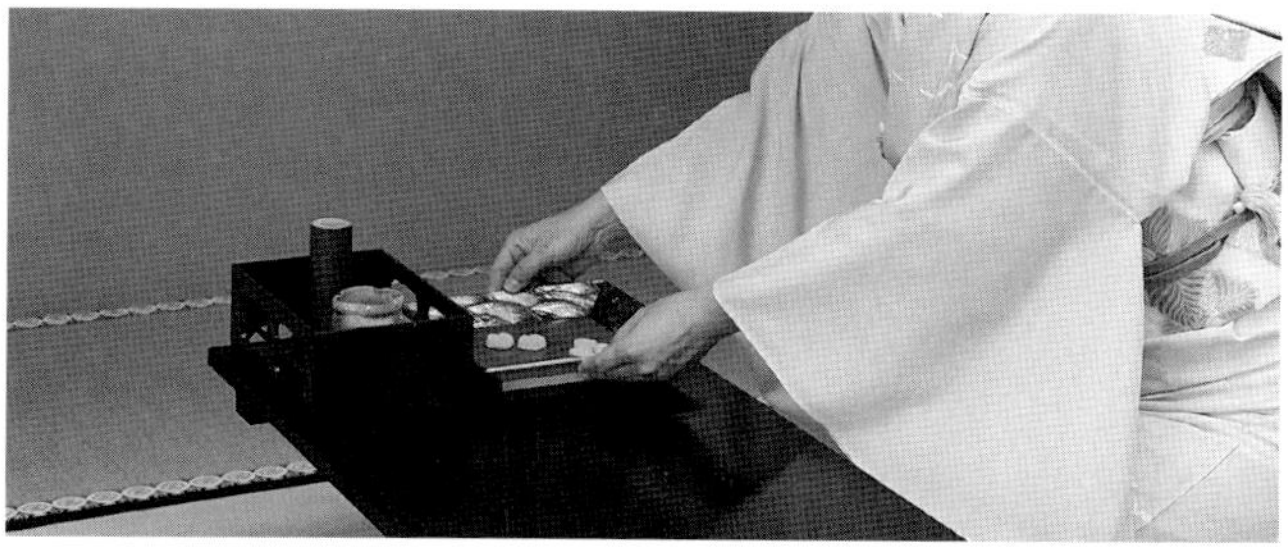

※干菓子盆を莨盆の手前に置き直したところ。

振出し

振出しは主に茶箱の点前に用いられる菓子器。中に金平糖など小粒の菓子を入れ、客が器の口を傾けて菓子を振り出して用いることが名称の由来である。

茶箱以外にも、茶会の趣向によっては干菓子器として用いることもあり、また、茶事にて待合などの汲出し盆に、香煎《こうせん》を入れて添えておくこともある。やきものが多いが、塗りものやガラス、瓢《ひさご》を使ったものもある。

準備

やきもの、ガラスの振出しは固く絞った布巾で内外を拭いてから、乾いた柔らかい布巾で乾拭きをする。瓢の振出しは乾拭きに留める。

染付

織部写し

安南写し

瓢

ガラス

ガラス

振出しを清める

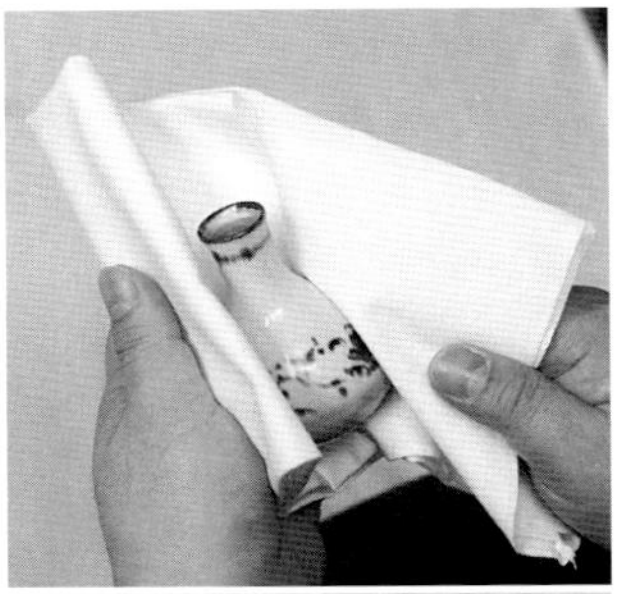

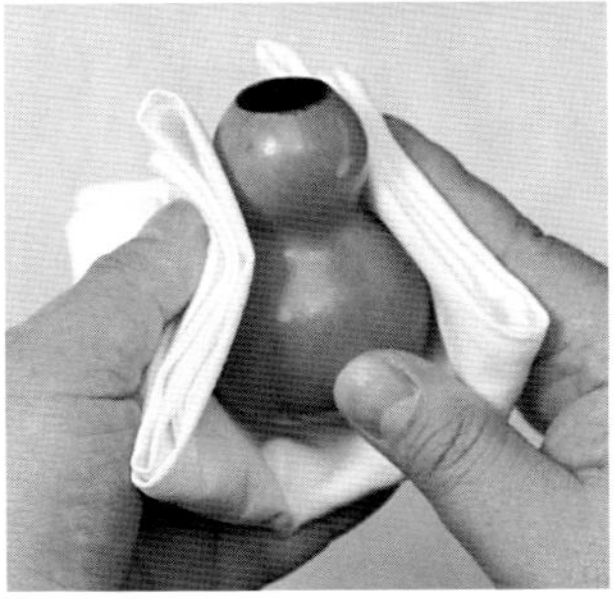

仕舞うときはよく陰干しをする。

菓子を入れる

振出しに入れる菓子は、金平糖、豆菓子、あられなど、振出しに入る大きさの菓子ならば問題はない。ただ、回し出して菓子を出すので、べたつくような菓子は避けたほうがよい。

片付ける

準備と同様、瓢の振出しは乾拭きをして、やきもの、ガラスの振出しは固く絞った布巾で内外を拭いてから、乾拭きをする。いずれもよく陰干しをしてから仕舞う。

振出しより菓子を頂く

1　上座にある振出しを取って、左手を添えて押し戴く。懐紙を膝前に出し、懐紙の角を折る。

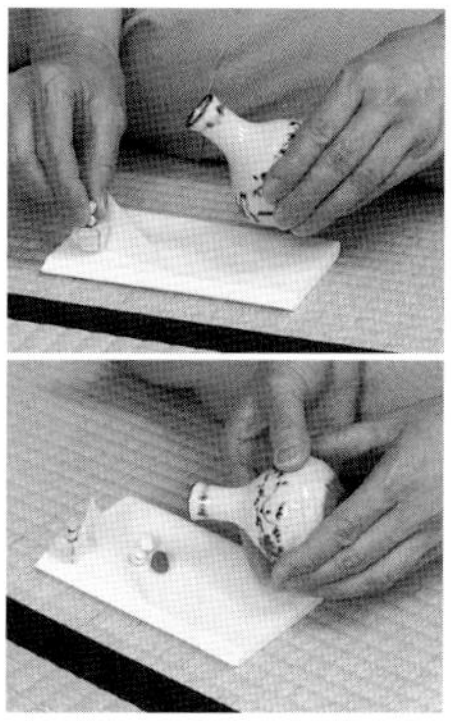

2　蓋を取って懐紙に預け、振出しを両手で持ち、回しながら頂く分だけ菓子を出す。

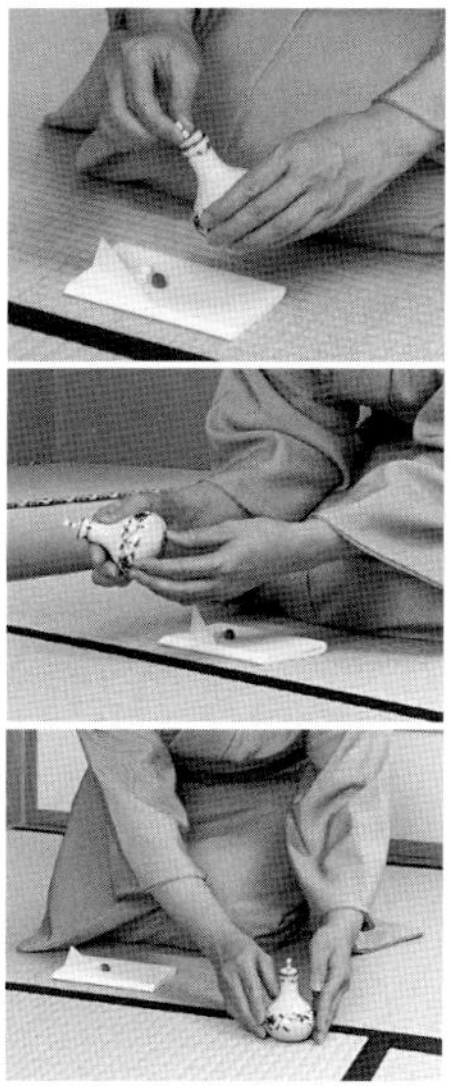

3　振出しの蓋を閉めて拝見し、次客に畳縁外で送る。

4　懐紙ごと取り上げて、菓子を頂く。

振出しに入れたい菓子

「三嶋豆」「煎りカヤの実」「錦榧」は馬印三嶋豆本舗 長瀬久兵衛商肆製。「菜花糖」は大黒屋製（44頁）。振出しに菓子を入れるには、懐紙などを二つ折りにして、静かに注ぐようにすると入れやすい。

あ

赤坂柿山 赤坂総本店 あかさかかきやま あかさかそうほんてん TEL 03-3585-9927 FAX 03-3585-9462
時 9時~20時（土曜日は9時30分~18時） 休 日曜日、祝日 所 〒107-0052 東京都港区赤坂3-6-10

麻布青野総本舗 あざぶあおのそうほんぽ TEL 03-3404-0020 FAX 03-3404-0076
時 9時30分~19時（祝日・土曜は18時まで） 休 日曜日、元日 所 〒106-0032 東京都港区六本木3-15-21

伊勢屋本店 いせやほんてん TEL 079-292-0830 FAX 079-298-5245
時 9時~18時 休 元日 所 〒670-0032 兵庫県姫路市龍野町4-20

UCHU wagashi うちゅう わがし TEL 075-754-8538 FAX 075-201-4933
時 10時~18時 休 不定休 所 〒602-0875 京都市上京区寺町通丸太町上る信富町307

梅津菓子舗 うめづかしほ TEL 0235-22-7348 FAX 0235-22-7348
時 7時~19時 休 不定休 所 〒997-0034 山形県鶴岡市本町2-8-16

浦田甘陽堂 うらたかんようどう TEL 076-243-1719 FAX 076-245-1371
時 9時~18時（日曜日は17時まで） 休 元日、1月2日 所 〒921-8021 石川県金沢市御影町21-14

栄太楼 えいたろう TEL 0776-22-1994 FAX 0776-21-8070
時 9時~18時（日曜・祝日は17時まで） 休 火曜日 所 〒910-0015 福井市二の宮4-4-5

老松 おいまつ TEL 075-463-3050 FAX 075-463-3051
〈北野店〉 時 9時~18時 休 不定休 所 〒602-8395 京都市上京区社家長屋町675-2

大津 風月堂 おおつ ふうげつどう TEL 077-537-1819 FAX 077-537-1819
時 9時~17時（夏季は18時まで） 休 不定休 所 〒520-0862 滋賀県大津市平津1丁目2-11

大松屋本家 おおまつやほんけ TEL 0235-35-4041 FAX 0235-35-4041
時 10時~15時 休 木・金曜日 所 〒999-7542 山形県鶴岡市水沢字行司免43-13

御菓子司　賣茶翁 おかしつかさ ばいさおう TEL 022-214-2262 FAX 022-214-2262
時 9時30分~18時 休 月曜日 所 〒980-0821 宮城県仙台市青葉区春日町3-13

小布施堂 おぶせどう TEL 026-247-2027 FAX 026-247-5345
時 9時~17時 休 無休 所 〒381-0293 長野県小布施町808

か

開運堂 かいうんどう TEL 0263-32-0506 FAX 0263-33-7223
時 9時~18時 休 元日 所 〒390-0811 長野県松本市中央2-2-15

かおる堂 かおるどう 0120-320-804 FAX 018-823-8379
時 8時~16時 休 無休 所 〒010-0941 秋田市川尻町大川反170-82（本社工場）

加賀藩御用菓子司 森八 かがはんごようかしつかさ もりはち TEL 076-262-6251 FAX 076-260-0881
時 9時~18時 休 1月1日・2日 所 〒920-0912 石川県金沢市大手町10-15

鍵善良房 かぎぜんよしふさ TEL 075-561-1818 FAX 075-525-1818
時 9時~18時 休 月曜日（祝祭日の場合は翌日） 所 〒605-0073 京都市東山区祇園町北側264

鶴聲庵 かくせいあん TEL 0868-22-4809
時 9時30分~18時 休 日曜日 所 〒708-0024　岡山県津山市二階町6

菓子舗榮太楼 かしほえいたろう TEL 018-863-6133 FAX 018-863-1858
時 9時~17時 休 日曜日 所 〒010-0967 秋田市高陽幸町9-11

柏屋光貞 かしわやみつさだ TEL 075-561-2263 FAX 075-525-9218
時 9時~18時 休 日曜日、祝日 所 〒605-0812 京都市東山区毘沙門町33-2

菓心おおすが 本店 かしんおおすが ほんてん TEL 0749-22-5722 FAX 0749-26-3871
時 8時~18時 休 木曜日 所 〒522-0063 滋賀県彦根市中央町4-39

加藤皓陽堂 かとうこうようどう TEL 076-231-3053 FAX 076-231-3064
時 8時30分~18時 休 無休 所 〒920-0051 石川県金沢市二口町二の94-1

金谷正廣 かなやまさひろ TEL 075-441-6357 FAX 075-441-2584
時 9時~18時 休 水曜日 所 〒602-8117 京都市上京区下長者町通黒門東入吉野町712

菓舗 唐草 かほ からくさ ―― TEL 095-824-2521 FAX 095-824-2522
時 9時～19時 休 元日 所 〒850-0034 長崎市樺島町7-11

亀印製菓 本店 かめじるしせいか ほんてん ―― TEL 029-305-0310 FAX 029-244-9930
時 10時～18時 休 木曜日 所 〒310-0913 茨城県水戸市見川町2139-5

亀末廣 かめすえひろ ―― TEL 075-221-5110 FAX 075-221-5110
時 8時30分～18時 休 日曜日、祝日 所 〒604-8185 京都市中京区姉小路烏丸東入る

亀廣保 かめひろやす ―― TEL 075-231-6737 FAX 075-231-6737
時 9時～17時 休 日曜日、祝日 所 〒604-0021 京都市中京区室町通二条下ル

亀屋伊織 かめやいおり ―― TEL 075-231-6473
時 9時～17時 休 日曜日、祝日 所 〒604-0026 京都市中京区 二条通新町東入ル

亀屋栄泉 かめやえいせん ―― TEL 049-222-0228 FAX 049-226-7703
時 10時～17時 休 夏期・冬期に水曜日定休の場合あり、臨時休業あり 所 〒350-0063 埼玉県川越市幸町5-6

亀屋清永 かめやきよなが ―― TEL 075-561-2181 FAX 075-541-1034
時 8時30分～17時 休 水曜日、不定休 所 〒605-0074 京都市東山区祇園石段下南

亀屋則克 かめやのりかつ ―― TEL 075-221-3969 FAX 075-221-4077
時 9時～17時 休 日曜日、祝日、第3水曜日 所 〒604-8182 京都市中京区堺町通三条上ル大阪材木町702

亀屋廣房 かめやひろふさ ―― TEL 077-522-3927 FAX 077-522-3028
時 10時～17時 休 日曜日 所 〒520-0814 滋賀県大津市本丸町3-7

亀屋陸奥 かめやむつ ―― TEL 075-371-1447 FAX 075-351-3301
時 8時30分～17時 休 水曜日、1月1日～3日、臨時休業あり 所 〒600-8227 京都市下京区西中筋通七条上ル菱屋町153

亀屋良永 かめやよしなが ―― TEL 075-231-7850 FAX 075-251-0066
時 8時～18時 休 日曜日、第1・第3水曜日 所 〒604-8091 京都市中京区寺町通御池下ル下本能寺前町504

亀屋良長 かめやよしなが ―― TEL 075-221-2005 FAX 075-223-1125
時 9時～18時 休 1月1日・2日 所 〒600-8498 京都市下京区四条通油小路西入柏屋町17-19

河藤 かわとう ―― TEL 06-6771-6906 FAX 06-6771-6936
時 8時30分～19時 休 火曜日（毎月21日は営業）、臨時休業あり 所 〒543-0051 大阪市天王寺区四天王寺1-9-21

甘春堂 かんしゅんどう ―― TEL 075-561-4019 FAX 075-561-4101
時 9時～18時 休 1月1日・2日 所 〒605-0991 京都市東山区上堀詰町292-2

桔梗屋織居 ききょうやおりい ―― TEL 0595-21-0123 FAX 0595-24-3829
時 9時～18時30分 休 第３火曜日 所 〒518-0861 三重県伊賀市上野東町2949

きくもとや ―― TEL 096-312-5550 FAX 096-324-4653
時 9時30分～19時 休 日曜日（祝日は営業） 所 〒860-0047 熊本市西区春日2丁目13-6

きさらぎ ―― TEL 0877-98-3394 FAX 0877-98-6286
時 9時～19時 休 元日 所 〒762-0081 香川県丸亀市飯山町東坂元107-3

京屋菓舗 きょうやかほ ―― TEL 0857-22-2355 FAX 0857-22-2355
時 9時～17時 休 日曜日、祝日 所 〒680-0841 鳥取市吉方温泉2丁目511

きよめ餅総本家 きよめもちそうほんけ ―― TEL 052-681-6161 FAX 052-681-6160
時 8時30分～18時30分 休 無休 所 〒456-0031 愛知県名古屋市熱田区神宮三丁目7-21

甲子堂 こうしどう ―― TEL 0266-52-0920 FAX 0266-52-0920
時 9時～18時 休 水曜日 所 〒392-0025 長野県諏訪市末広12-9

河内屋菓子舗 こうちやかしほ ―― TEL 0763-82-0402 FAX 0763-82-0467
時 8時～18時 休 無休 所 〒932-0217 富山県南砺市本町1-34

紅梅屋 こうばいや ―― TEL 0595-21-0028 FAX 0595-21-0195
時 9時～18時 休 無休 所 〒518-0861 三重県伊賀市上野東町2936

高林堂《こうりんどう》 —— TEL 028-633-4946 FAX 028-633-4940 🛒
〈本店〉 時 9時~18時30分 休 水曜日、元日 所 〒320-0026 栃木県宇都宮市馬場通り3-4-7 宇都宮ピークス1F

九重本舗玉澤《ここのえほんぽたまさわ》 —— TEL 022-246-3211 FAX 022-246-3585
時 9時~17時 休 日曜日 所 〒982-0003 宮城県仙台市太白区郡山4-2-1

越乃雪本舗 大和屋《こしのゆきほんぽ やまとや》 —— TEL 0258-35-3533 FAX 0258-34-5652 🛒
時 9時~17時30分 休 水曜日(不定休)、日曜日 所 〒940-0072 新潟県長岡市柳原町3-3

五万石藤見屋《ごまんごくふじみや》 —— TEL 0564-21-0919 FAX 0564-21-0909
時 9時30分~18時30分 休 無休 所 〒444-0051 愛知県岡崎市本町通1-4

五郎丸屋《ごろうまるや》 —— TEL 0766-67-0039 FAX 0766-67-6430 🛒
時 8時~19時(火~土曜日) 8時~18時(日曜日) 休 月曜日 所 〒932-0045 富山県小矢部市中央町5-5

さ

彩雲堂《さいうんどう》 —— TEL 0852-21-2727 FAX 0852-21-6334 🛒
時 9時~18時 休 不定休 所 〒690-0064 島根県松江市天神町124

小男鹿本舗冨士屋《さおしかほんぽふじや》 —— TEL 088-623-1118 FAX 088-652-5677 🛒
時 8時20分~20時 休 無休 所 〒770-8063 徳島市南二軒屋町1-1

茶菓工房 たろう《さかこうぼう たろう》 —— TEL 076-213-7233 FAX 076-213-7234 🛒
時 9時~18時 休 不定休 所 〒921-8025 石川県金沢市増泉4丁目3-7

桜井甘精堂《さくらいかんせいどう》 —— TEL 026-247-2132 FAX 026-247-5142 🛒
時 8時30分~17時 休 日曜日、祝日 所 〒381-0298 長野県上高井郡小布施町大字小布施2460-1

札幌千秋庵 本店《さっぽろせんしゅうあん ほんてん》 —— TEL 011-205-0207 FAX 011-205-0207 🛒
時 10時~20時 休 無休 所 〒060-0063 北海道札幌市中央区南3条西3丁目

山陰名産来間屋生姜糖本舗《さんいんめいさんくるまやしょうがとうほんぽ》
—— TEL 0853-62-2115 FAX 0853-62-1303 🛒
時 9時~19時 休 不定休 所 〒691-0001 島根県出雲市平田町774

三英堂《さんえいどう》 —— TEL 0852-31-0122 FAX 0852-27-8209 🛒
時 9時~18時30分 休 元日 所 〒690-0063 島根県松江市寺町47

三條若狭屋《さんじょうわかさや》 —— TEL 075-841-1381 FAX 075-841-2336
時 9時~17時 休 水曜日 所 〒604-8332 京都市中京区三条通堀川西入ル橋西町675番地

三友堂《さんゆうどう》 —— TEL 087-851-2258 FAX 087-822-2936 🛒
時 8時30分~19時 休 元日 所 〒760-0040 香川県高松市片原町1-22

塩瀬総本家《しおせそうほんけ》 —— TEL 03-3521-8811 FAX 03-3521-8833 🛒
時 9時~19時 休 日曜日、祝日 所 〒104-0044 東京都中央区明石町7-14

塩野《しおの》 —— TEL 03-3582-1881 FAX 03-3582-1882
時 9時~19時(土曜日・祝日は9時~17時) 休 日曜日 所 〒107-0052 東京都港区赤坂2丁目13-2

塩芳軒《しおよしけん》 —— TEL 075-441-0803 FAX 075-451-2008 🛒
時 9時~17時30分 休 日曜日、祝日 所 〒602-8235 京都市上京区黒門通中立売上ル飛驒殿町180

式亭(株式会社ミリエーム)《しきてい(かぶしきがいしゃみりえーむ)》 TEL 075-451-5111 FAX 075-451-5181
時 9時~17時 休 土曜日、日曜日、祝日 所 〒602-0006 京都市上京区小川通寺之内上る2丁目禅昌院町648-1

志乃原《しのはら》 —— TEL 0766-22-1020 FAX 0766-23-0672 🛒
時 8時30分~19時 休 水曜日 所 〒933-0041 富山県高岡市城東1-9-28

上菓子司 会津葵《じょうがしつかさ あいづあおい》 —— TEL 0242-26-5555 FAX 0242-26-8999 🛒
時 9時~18時 休 無休 所 〒965-0873 福島県会津若松市追手町4-18

松華堂《しょうかどう》 —— TEL 0569-21-0046 FAX 0569-22-9828 🛒
時 8時30分~17時30分 休 水曜日、第三火曜日、1月1日・2日 所 〒475-0887 愛知県半田市御幸町103

正観寺丸宝《しょうかんじまるほう》 —— TEL 0968-25-3721 FAX 0968-25-1581 🛒
時 8時~18時 休 日曜日 所 〒861-1331 熊本県菊池市隈府1097-2

松琴堂《しょうきんどう》 TEL 083-222-2834 FAX 083-235-0100
時 9時~18時 休 日曜日、祝日 所 〒750-0006 山口県下関市南部町2-5

松月堂《しょうげつどう》 0120-083-003 FAX 0573-65-4119
時 9時~17時30分（土曜日は17時まで） 休 元日 所 〒508-0033 岐阜県中津川市太田町2-5-29

笑福堂《しょうふくどう》 TEL 0770-22-4747 FAX 0770-22-6400
時 11時~19時 休 無休 所 〒914-0812 福井県敦賀市昭和町2丁目21-31

松林軒《しょうりんけん》 TEL 055-233-3555 FAX 055-232-2265
〈国玉本店〉 時 9時~17時 休 火曜日 所 〒400-0815 山梨県甲府市国玉町295-1

瑞花 本店《ずいか ほんてん》 TEL 0258-37-0811 FAX 0258-33-7781
時 10時~18時 休 無休 所 〒940-0066 新潟県長岡市東坂之上町1-6-11

末富《すえとみ》 TEL 075-351-0808 FAX 075-351-8450
時 9時~17時 休 日曜日、祝日 所 〒600-8427 京都市下京区松原通室町東入

鈴懸《すずかけ》 TEL 092-291-0050 FAX 092-291-0050
時 9時~20時 休 1月1日・2日 所 〒812-0026 福岡市博多区上川端12-20 ふくぎん博多ビル1階

すや TEL 0573-65-2078 FAX 0573-65-6628
時 9時~19時（9月~12月は8時30分~19時30分） 休 水曜日（9月~12月は無休、11月に臨時休業日あり）、元日
所 〒508-0038 岐阜県中津川市新町2-40

千本玉壽軒《せんぼんたまじゅけん》 TEL 075-461-0796 FAX 075-464-6717
時 8時30分~17時 休 水曜日 所 〒602-8474 京都市上京区千本通今出川上ル上善寺町96

宗家 源 吉兆庵 銀座本店《そうけ みなもと きっちょうあん ぎんざほんてん》
TEL 03-5537-5457 0120-558-816 FAX 03-3569-2363
時 10時～20時30分（平日）、10時～19時（土日祝） 休 年始 所 〒104-0061 東京都中央区銀座6丁目9番8号

SOU・SOU《そう・そう》 TEL 075-212-8244 (SOU・SOU netshop)
時 12時~17時（SOU・SOU netshop） 休 日曜日（SOU・SOU netshop）
所 〒604-8042 京都市中京区新京極通四条上ル中之町583-3（SOU・SOU足袋）

象束《ぞうとう》 TEL 042-420-7104 FAX 042-420-7084
時 10時~18時（土曜日は12時~） 休 日曜日・祝日 所 〒203-0053 東京都東久留米市本町1-4-29

園田屋《そのだや》 TEL 096-352-0030 FAX 096-352-0295 休止中
時 10時~18時 休 日曜日 所 〒860-0848 熊本市中央区南坪井町6-1

た

大黒屋《だいこくや》 TEL 0778-51-0451 FAX 0778-51-0140
時 9時~19時 休 木曜日 所 〒916-0026 福井県鯖江市本町2-1-13

但馬屋老舗《たじまやろうほ》 TEL 0974-63-1811 FAX 0974-63-1882
時 9時~18時 休 元日ほか年数回 所 〒878-0012 大分県竹田市竹田町40

長久堂《ちょうきゅうどう》 TEL 075-712-4405 FAX 075-712-3585
時 9時30分~18時 休 1月1日・2日 所 〒603-8044 京都市北区上賀茂畔勝町97-3

千代の舎 竹村《ちよのや たけむら》 TEL 0742-22-2326 FAX 0742-22-2326
時 10時~17時30分 休 水曜日 所 〒630-8216 奈良市東向南町22

つちや TEL 0584-78-2111 FAX 0584-78-2017
時 8時30分~18時 休 元日 所 〒503-0876 岐阜県大垣市俵町39

鶴屋徳満《つるやとくまん》 TEL 0742-23-2454 FAX 0742-23-2455
時 9時~18時 休 木曜日 所 〒630-8365 奈良市下御門町29

鶴屋八幡《つるやはちまん》 TEL 06-6203-7281 FAX 06-6202-5205
時 8時30分~19時（土・日曜日・祝日は8時30分~17時） 休 無休 所 〒541-0042 大阪市中央区今橋4丁目4-9

鶴屋吉信《つるやよしのぶ》 TEL 075-441-0105 FAX 075-431-1234
時 9時~18時 休 元日・臨時休あり 所 〒602-8434 京都市上京区今出川通堀川西入

天任堂《てんにんどう》 TEL 0866-22-2538 FAX 0866-22-2538 買
時 8時~17時 休 日曜日 所 〒716-0034 岡山県高梁市東町1877

天平庵《てんぴょうあん》 TEL 0744-49-2535 FAX 0744-49-4411 買
時 9時~19時 休 元日 所 〒633-0065 奈良県桜井市吉備576-1

豊島屋《としまや》 TEL 0120-83-2810 FAX 0120-88-1032 買
時 9時~19時 休 水曜日 所 〒248-0006 神奈川県鎌倉市小町2-11-19

とらや 赤坂店《とらや あかさかてん》 TEL 03-3408-2331 FAX 03-3408-4135 買
時 9時~19時（平日）、9時30分~18時（土日祝） 休 毎月6日（12月を除く） 所 〒107-8401 東京都港区赤坂4-9-22

虎屋本舗《とらやほんぽ》 TEL 084-954-7447 FAX 084-954-7499 買
時 8時30分~19時（日曜日は18時まで） 休 元日 所 〒721-0952 広島県福山市曙町1-11-18

虎屋吉末《とらやよしすえ》 TEL 078-851-2444 FAX 078-851-2454 買
時 9時~18時 休 日曜日 所 〒658-0046 兵庫県神戸市東灘区御影本町4-1-1

な

長門屋《ながとや》 TEL 0242-27-1358 FAX 0242-26-4772 買
時 9時30分~17時 休 年末年始 所 〒965-0865 福島県会津若松市川原町2-10

和庵 鳳月坊《なごみあん ほうげつぼう》 TEL 088-685-6101 FAX 088-686-8178 買
時 9時30分~18時 休 日曜日、祝日の午後 所 〒772-0012 徳島県鳴門市撫養町小桑島字前浜84

奈良屋本店《ならやほんてん》 TEL 058-262-0067 FAX 058-263-2851 買
時 9時~18時30分 休 第3土曜日・日曜日 所 〒500-8069 岐阜市今小町18

西川屋老舗《にしがわやしにせ》 TEL 088-882-1734 FAX 088-882-1734 買
時 9時~19時 休 不定休 所 〒781-0806 高知市知寄町1丁目7-2

にむらや TEL 025-262-2520 FAX 025-262-4234
時 9時~18時 休 日曜日の午後 所 〒950-2112 新潟市西区内野519

乃し梅本舗佐藤屋《のしうめほんぽさとうや》 TEL 023-622-3108 FAX 023-642-4804 買
時 8時30分~18時 休 元日 所 〒990-0031 山形市十日町3丁目10-36

は

梅園菓子処《ばいえんかししょ》 TEL 092-922-4058 FAX 092-928-0383 買
時 9時~17時30分 休 1月8日、8月17日~19日 所 〒818-0117 福岡県太宰府市宰府2丁目6-16

ばいこう堂 本店《ばいこうどう ほんてん》 TEL 0879-33-6218 0120-477-688 買
時 9時~18時30分 休 1月1日、2日 所 〒769-2901 香川県東かがわ市引田字大川140-4

梅寿軒《ばいじゅけん》 TEL 095-822-0977 FAX 095-828-1252 買
時 10時~16時 休 不定休 所 〒850-0873 長崎市諏訪町7-1

芭蕉庵《ばしょうあん》 TEL 086-222-5516 FAX 086-223-6733
時 10時~18時30分 休 月曜日 所 〒700-0822 岡山市北区表町1-9-62

畑田本舗《はただほんぽ》 TEL 0897-41-0807 0120-459-082 FAX 0897-41-0807 買
〈ハタダ国領店〉 時 9時~19時 休 元日 所 〒792-0854 愛媛県新居浜市国領1-1840-1

鉢の木七冨久《はちのきしちふく》 TEL 027-322-6001 FAX 027-322-6099
時 9時~18時30分 休 水曜日 所 〒370-0818 群馬県高崎市赤坂町73

播田屋《はりたや》 TEL 0596-28-2207 FAX 0596-27-0178
時 8時30分~19時 休 月末日曜日 所 〒516-0009 三重県伊勢市河崎2-13-5

風流堂《ふうりゅうどう》 TEL 0852-21-2344 FAX 0852-23-2344 買
時 9時~18時 休 元日 所 〒690-0021 島根県松江市矢田町250-50

文左《ぶんざ》 TEL 0739-22-9955 FAX 0739-24-3233
時 9時~17時 休 不定休 所 〒646-0028 和歌山県田辺市高雄1丁目22-9

分隣堂《ぶんりんどう》 TEL 0577-32-1844 FAX 0577-32-1844
時 8時~19時 休 不定休 所 〒506-0842 岐阜県高山市下二之町70

本家菊屋《ほんけきくや》 TEL 0743-52-0035 FAX 0743-52-3026
時 8時~19時30分 休 元日 所 〒639-1134 奈良県大和郡山市柳1-11

本多屋《ほんだや》 TEL 083-925-1600 FAX 083-925-1620
〈懐古庵 本店〉 時 9時~18時 休 水曜日、年末年始 所 〒753-0048 山口市駅通り1-4-5

本松葉屋 本店《ほんまつばやほんてん》 TEL 06-6771-0304 FAX 06-6775-5430
時 9時~19時（祝日は17時まで） 休 日曜日 所 〒543-0041 大阪市天王寺区真法院町1-14

本間屋《ほんまや》 TEL 0256-72-3580 FAX 0256-72-3580
時 8時~17時 休 無休 所 〒953-0076 新潟市西蒲区福井1845

ま

松屋藤兵衛《まつやとうべえ》 TEL 075-492-2850
時 9時~18時 休 木曜日 所 〒603-8214 京都市北区紫野雲林院町28

松屋本店《まつやほんてん》 TEL 0746-32-2006 FAX 0746-32-5664
時 8時30分~12時、13時~16時30分 休 土曜日、日曜日、祝日 所 〒639-3113 奈良県吉野郡吉野町飯貝520

丸市菓子舗《まるいちかしほ》 TEL 072-233-0101 FAX 072-233-0243
時 9時~18時 休 無休 所 〒590-0952 大阪府堺市堺区市之町東1丁目2-26

水田玉雲堂《みずたぎょくうんどう》 TEL 075-441-2605
時 10時~17時 休 日曜日、祝日 所 〒602-0895 京都市上京区上御霊前町394

三谷製糖羽根さぬき本舗《みたにせいとうはねさぬきほんぽ》 TEL 0879-33-2224 FAX 0879-33-5578
時 9時~18時30分 休 不定休 所 〒769-2902 香川県東かがわ市馬宿156-8

光圀本店《みつくにほんてん》 TEL 0838-22-0239 FAX 0838-22-0241
時 9時~18時 休 不定休 所 〒758-0034 山口県萩市大字熊谷町41

美濃忠《みのちゅう》 TEL 052-231-3904 FAX 052-231-1804
時 9時~18時 休 元日 所 〒460-0002 愛知県名古屋市中区丸の内1-5-31

三桝家總本舗《みますやそうほんぽ》 TEL 0276-72-0100 FAX 0276-75-2095
時 10時~18時 休 水曜日 所 〒374-0024 群馬県館林市本町3-9-5

武藤杏花園《むとうきょうかえん》 TEL 0577-32-0859 FAX 0577-32-0859
時 8時30分~17時 休 火曜日 所 〒506-0845 岐阜県高山市上二之町45

紫野源水《むらさきのげんすい》 TEL 075-451-8857 FAX 075-451-8867
時 10時~18時 休 日曜日、祝日 所 〒603-8167 京都市北区小山西大野町78-1

紅葉屋本店《もみじやほんてん》 TEL 048-521-0376 FAX 048-521-0389
時 8時~17時 休 土曜日、日曜日、年末年始 所 〒360-0023 埼玉県熊谷市佐谷田3247

森の香本舗《もりのかほんぽ》 TEL 022-223-1314
時 9時30分~18時 休 月曜日、日曜日 所 〒980-0805 宮城県仙台市青葉区大手町5-5

や

行松旭松堂《ゆきまつきょくしょうどう》 TEL 0761-22-3000 FAX 0761-22-5073
時 9時~19時（火曜日のみ~12時） 休 火曜日午後 所 〒923-0918 石川県小松市京町39-2

吉金菓子舗《よしきんかしほ》 TEL 0942-32-5827 FAX 0942-35-5281
時 8時30分~18時30分 休 不定休 所 〒830-0017 福岡県久留米市日吉町12-28

吉田屋《よしだや》 TEL 0747-52-2532 FAX 0747-52-6208
時 9時~17時 休 日曜日、祝日、 GW（5/2 ~5/6）、お盆（8/13 ~8/16）、年末年始（12/28 ~1/5）
所 638-0001 奈良県吉野郡下市町阿知賀1128-1

ら

落雁諸江屋《らくがんもろえや》 TEL 076-241-2854 FAX 076-247-1849
時 9時~18時 休 木曜日 所 〒921-8031 石川県金沢市野町1-3-59

両口屋是清《りょうぐちやこれきよ》 TEL 052-962-7011 0120-052-062 FAX 052-961-5275
〈本町店〉 時 9時~17時 休 日曜日、元日 所 〒460-0002 愛知県名古屋市中区丸の内3丁目14-23

わ

和菓子 結《わがし ゆい》 TEL 03-3353-5521 FAX 03-3353-5521
時 休 NEWoMan新宿に準ずる 所 〒151-0051 東京都渋谷区千駄ヶ谷五丁目24-55 NEWoMan新宿 エキナカ 2F

ご協力いただいた菓子舗の皆様に心より御礼申し上げます。

撮影
大道雪代
宮野正喜

イラスト
木村明美

デザイン
くつま舎 久都間ひろみ

干菓子 250

茶席からおもたせまで

2020年7月15日　初版発行
編　者　淡交社編集局
発行者　納屋嘉人
発行所　株式会社 淡交社
本社
〒603-8588
京都市北区堀川通鞍馬口上ル
営業 ☎ 075-432-5151
編集 ☎ 075-432-5161
支社
〒162-0061
東京都新宿区市谷柳町39-1
営業 ☎ 03-5269-7941
編集 ☎ 03-5269-1691
www.tankosha.co.jp
印刷・製本　株式会社ムーブ

Printed in Japan
ISBN978-4-473-04405-1